ORBIS NEUE NATURFÜHRER

Unser Sternenhimmel

mit Sonnen-, Mond- und Planetenlauf

Storm Dunlop
Karten und Diagramme von
Wil Tirion

Orbis Verlag

Die Originalausgabe erschien 1999
unter dem Titel *Night Sky* bei
HarperCollins Publishers Ltd, London

Aus dem Englischen von Dr. Andreas Schulz
Projektleitung der deutschen Ausgabe:
Elisabeth Keller, Mosaik Verlag München

Einbandgestaltung: Design Team München
Einbandfoto: Silvestris/Genson
Satz:
Typographischer Betrieb W. Biering/H. Numberger, München

Bildnachweis:
Alle Fotos von Steve Edberg außer:
Denis Buczynski: 130; Storm Dunlop: 16, 20, 30;
David Gavine: 155, 157, 141; Peter Gill: 21, 165;
Alan Heath: 111; Robert McNaught: 158;
Martin Mobberley: 163

Printed in Hong Kong
ISBN 3-572-01407-7

EINLEITUNG

Der ursprüngliche Anstoß zu diesem Buch kam aus Astronomiekursen für Erwachsene. Viele Anfänger fanden, daß sie durch »so viele Sterne am Himmel« verwirrt wurden, wenn sie vom Garten oder ihrem Wohnzimmerfenster aus den Nachthimmel anschauten. Ein paar praktische Stunden innerhalb der Kurse mit ein bißchen Anleitung, wie man verschiedene Sternbilder lokalisiert und erkennt, und alles begann. Sehr bald konnten die Teilnehmer nicht nur Sternbilder auffinden, sondern auch zuverlässig Planeten identifizieren und kompliziertere Beobachtungsaufgaben lösen.

Obwohl es viele exzellente Astronomie-Bücher gibt (z. T. mit ausführlichen Beschreibungen der verschiedenen Sternbilder), findet man merkwürdigerweise nur sehr wenige, die speziell für Anfänger ohne Vorkenntnisse gedacht sind und die beschreiben, wie man beim Beobachten Fortschritte machen kann bis hin zum Erkennen aller am nördlichen Himmel sichtbaren Sternbilder. Genau das möchte dieses Buch leisten. Ausrüstung braucht man dafür keine, obwohl ein Feldstecher hilfreich wäre. Versuchen Sie es einfach – Sie werden wahrscheinlich selber überrascht sein, wie schnell Ihnen die Strukturen der Sternbilder vertraut werden.

Selbstverständlich ist das, was man in ein solches Buch aufnehmen kann, begrenzt. Astronomie ist ein Hobby, das auf vielen verschiedenen Levels betrieben werden kann, von der einfachen Freude am Schauspiel des Nachthimmels bis hin zu ernsthafter Amateurwissenschaft. Dieses Buch beschränkt sich auf die Objekte, die man ohne oder mit einfachen optischen Hilfsmitteln beobachten kann. Hoffentlich finden Sie damit einen Einstieg in ein lebenslanges Interesse an der Astronomie, die nicht nur die älteste, sondern wohl auch die faszinierendste aller Wissenschaften ist.

WIE MAN DIESES BUCH BENUTZT

Dieses Buch soll Ihnen helfen, sich am Himmel so zurechtzufinden, daß Sie die verschiedenen Sternbilder erkennen können. Es soll außerdem ermöglichen, einige der hellsten der interessanten Objekte am Nachthimmel aufzufinden. Der erste Abschnitt (S. 10–17) dient als Einführung in die Astronomie mit bloßem Auge oder Feldstecher und gibt allgemeine Tips zum Beobachten und zum einfachen Photographieren. Dem folgt eine kurze Erklärung des astronomischen Basiswissens, das den Einstieg in die Materie erleichtern soll.

Als erstes muß man diejenigen Sternbilder kennenlernen, die in jeder klaren Nacht zu sehen sind. Es gibt davon nur fünf, die auf S. 30–35 beschrieben werden. Die meisten Sternbilder sind nur einen Teil des Jahres zu sehen, weshalb der nächste Abschnitt (S. 38–109) eine Reihe von Karten bringt, zwei für jeden Monat: Eine zeigt den Blick nach Norden, die andere den nach Süden. Je nach der Jahreszeit, in der Sie die Beobachtung beginnen, wählen Sie den entsprechenden Monat. Für jeden Monat wird zudem ausführlich beschrieben, wie man zwei oder drei verschiedene Sternbilder lokalisieren kann. Folgt man den Karten durch das ganze Jahr, so hat man gelernt, alle in unseren Breiten leicht sichtbaren Sternbilder zu finden.

Der Mond ist leicht zu beobachten; Karten der verschiedenen Phasen finden Sie auf S. 114–127. Planeten können selbst einen erfahrenen Astronomen verwirren, weil sie von einem Sternbild zum anderen wandern. Deshalb enthält der nächste Abschnitt (S. 134–153) eine Reihe von Karten für die kommenden Jahre, auf denen sich die einzelnen Planeten lokalisieren lassen. Schauen Sie auf die entsprechenden Seiten für das aktuelle Jahr, um zu sehen, wo sich die Planeten am Himmel befinden.

Allgemeinere Informationen zu verschiedenen Ereignissen oder Phänomenen, die man am Himmel sehen kann, folgen auf S. 154–167.

Der letzte Abschnitt (S. 168–251) beschreibt im einzelnen jedes Sternbild, das von der nördlichen Hemisphäre aus sichtbar ist, einschließlich kurzer Hinweise auf einige der interessantesten erkennbaren Objekte.

INHALT

DER NACHTHIMMEL

In einer dunklen Nacht ohne Mond und weit vom Licht einer Stadt entfernt sieht man am Himmel Tausende von Sternen, die scheinbar wahllos verstreut sind. Viele Menschen sind allein von der Zahl der Sterne überwältigt. Es scheint zunächst unmöglich, welche davon zu identifizieren. Doch der Anschein täuscht, denn selbst unter optimalen Bedingungen sind jeweils nur etwa 2000 Sterne gleichzeitig sichtbar. Sie müssen sicher nicht jeden erkennen können. Es ist nicht schwer, unter den helleren Sternen einprägsame Strukturen herauszusuchen, was bereits genügt, um sich zurechtzufinden. Nach ziemlich kurzer Zeit wird man auch viele schwächere Sterne erkennen können.

Zu allen Zeiten haben Menschen den verschiedenen Sterngruppen Namen gegeben. Das heute weltweit verwendete System hat sich über die Jahrhunderte entwickelt und enthält Elemente, die von den Babyloniern, den Griechen, Römern und Arabern eingeführt wurden. Früher gab es erhebliche Unterschiede in der Ausdehnung und Größe der Sternbilder, aber heute ist durch internationale Übereinkunft der komplette Himmel in 88 **Sternbilder** mit festgelegten Grenzen eingeteilt. Die verschiedenen Sterngruppierungen wurden ursprünglich mit mythologischen Figuren oder Tieren in Verbindung gebracht oder nach ihnen benannt (später auch nach Gegenständen, vor allem am Südhimmel). Durch Übereinkunft werden weltweit heute die lateinischen Namen der Sternbilder gebraucht, so auch in diesem Buch. Einige Sterne innerhalb eines Sternbildes formen zuweilen eine auffällige **Gruppe**, die dann einen weiteren Eigennamen führt. So ist z.B. der **Große Wagen** eine Sterngruppe, die zum erheblich größeren Sternbild des Großen Bären gehört. Die sieben Sterne des Wagens sind unser Ausgangspunkt zur Orientierung über den gesamten Himmel.

Die Ausdehnungen der Sternbilder sind sehr unterschiedlich. Einige breiten sich über große Himmelsfelder aus, während andere klein sind. Manche enthalten etliche helle Sterne, andere sind schwach und schwierig zu finden. Dieses Buch konzentriert sich zunächst auf die wichtigsten Sternbilder, die im allgemeinen leicht zu finden sind. Und weil es sich an die Anfänger auf der Nordhalbkugel der Erde wendet, sind die Sternbilder weggelassen, die nur auf der Südhalbkugel zu sehen sind.

Verstreut über den ganzen Himmel gibt es dichtere Ansammlungen von Sternen, die man **Sternhaufen** nennt. Ein paar sind mit dem bloßen Auge zu sehen, erheblich mehr aber mit dem Fernglas. Von einem wirklich dunklen Standort aus kann man die Milchstraße als ein breites, irreguläres Lichtband erkennen, das sich um den ganzen Himmel spannt. Es besteht aus Millionen von Sternen, die dicht zusammengedrängt erscheinen. Für das bloße Auge ist neben unserer nur eine weitere Galaxie sichtbar (oder zwei, wenn man sehr gute Augen hat und die Umgebung wirklich restlos dunkel ist), aber ein Feldstecher bringt weitere als schwache Lichtflecke hervor.

Es gibt noch viele andere Objekte am Nachthimmel: Der **Mond**, der seine Phasen innerhalb eines Monats durchläuft, ist das auffälligste, darüber hinaus gibt es fünf mit dem bloßen Auge sichtbare **Planeten**, die schon seit der Antike bekannt sind. Von den übrigen vier Planeten ist Uranus unter besten Be-

Bei Vollmond sind die Strahlenkrater die auffälligsten Erscheinungen dingungen gerade so mit dem bloßen Auge zu erkennen, und die vier großen Jupitermonde sind leicht im Fernglas zu beobachten.

Die Bahn des Mondes führt ihn bisweilen in den Schatten der Erde, was eine **Mondfinsternis** bewirkt (S. 130). Die einzelnen Finsternisse unterscheiden sich überraschend deutlich, so daß jede einen anderen Anblick gewährt und eine Beobachtung lohnt. Auch **Sonnenfinsternisse** (S. 128) zeigen, obwohl sie sich tagsüber ereignen, große Variationen, und die Chance, eine zu beobachten, sollte man nicht verpassen.

Dann gibt es **Meteore**, die sogenannten Sternschnuppen, die blitzschnell über den Himmel sausen und zu gewissen Zeiten in großer Zahl auftreten können. Die meisten sind nicht sehr hell, doch ganz selten erleuchtet eine den ganzen Himmel. Im Gegensatz dazu bewegen sich **Kometen**, die vielfach mit Meteorenströmen zusammenhängen, langsam über den Hintergrund der fixen Sternbilder. Einige, wie der Komet Hyakutake 1996 oder Hale-Bopp 1997, stechen sehr ins Auge, weil sie einen langen Schweif entwickeln.

Nordlichter entstehen nicht im fernen Himmel, sondern in der Hochatmosphäre der Erde und erzeugen herrliche Bilder, die in den langen dunklen Winternächten des hohen Nordens spektakulär sein können. Vorzugsweise im Sommer können an günstigen Orten **leuchtende Nachtwolken** auftreten, die als die höchsten Wolken der Erdatmosphäre im Norden gegen Mitternacht – wenn auch selten – zu sehen sein können. Außer all diesen natürlichen Phänomenen gibt es noch von Menschen gemachte Objekte: die **Satelliten**, die die Erde umkreisen und in jeder Nacht beobachtbar sind.

Mond	S. 110–127
Kometen	S. 162–165
Nordlichter	S. 154–155
Leuchtende Nachtwolken	S. 156–157
Planeten	S. 134–153
Meteore	S. 158–160
Finsternisse	S. 128–131

EINFACHE TIPS ZUM BEOBACHTEN

Es mag selbstverständlich erscheinen, aber weil man nachts beobachtet, muß man sich warm halten, also warme Kleidung tragen. Ebenso sollte man nicht auf Gras stehen (erst recht nicht auf feuchtem), weil man schnell kalte Füße bekommt. Man sagt – nur z.T. im Scherz –, daß gute Astronomen zwei Paar Socken tragen, außerdem vielleicht eine Kopfbedeckung (25% der Wärme verliert der Körper über den Kopf).

Man braucht einen dunklen Standort. In Städten mag das schwierig sein, aber versuchen Sie, einen Platz zu finden, an dem keine Lichter Sie direkt anleuchten. Die »Lichtverschmutzung«, die nahezu jeden speziell in städtischen Bereichen trifft, löscht die schwächeren Sterne aus. Der einzige kleine Vorteil mag sein, daß Anfänger sich vielleicht leichter zurechtfinden, wenn nur die hellsten Sterne sichtbar sind.

Wenn möglich, geben Sie Ihren Augen genügend Zeit, sich an die Dunkelheit zu gewöhnen. Diese Dunkeladaption ist nicht der mehr oder weniger spontane Größenwechsel des Pupillendurchmessers, wenn Sie vom Hellen ins Dunkle gehen (oder umgekehrt), sondern das Anwachsen zu voller Empfindlichkeit, das 15–20 Minuten oder mehr dauert. Vorausgesetzt, das Auge verbleibt in der Dunkelheit, so wird es zunehmend schwächere Objekte erkennen können. In diesem Zustand hat das Auge für grünes Licht die höchste und für rotes die geringste Empfindlichkeit. Daher benutzen Astronomen zum Lesen von Sternkarten schwaches Rotlicht, um die Adaption nicht zu verlieren (z. B. eine mit roter Folie abgedeckte Taschenlampe).

Das Beobachten von Sternbildern hoch über dem Kopf ist immer ermüdend. Im Sommer kann man sich dazu unter Umständen einfach ins Gras legen, aber normalerweise sollte man einen verstellbaren Gartenstuhl benutzen, speziell einen mit Armlehnen für Beobachtungen mit dem Feldstecher, was ausführlicher auf S. 12–15 erläutert wird.

Abschätzen von Entfernungen am Himmel

Häufig ist es nützlich, wenn man in der Lage ist, grob Entfernungen am Himmel abzuschätzen, speziell in der Anfangsphase des Zurechtfindens. Einige Menschen finden es schwierig, Sternkarten wegen der verschiedenen Maßstäbe mit dem Himmel in Übereinstimmung zu bringen, und fast jeder überschätzt die Größe der Sternbilder am Himmel.

Die einfachste Methode ist, die Hand am ausgestreckten Arm als Maß zu verwenden (Unterschiede bei verschiedenen Menschen sind hier bedeutungslos): Ein Finger mißt etwas mehr als 1° in der Breite, was etwa zweimal dem Durchmesser des Vollmonds entspricht. Die Breite des Handrückens mißt ca. 7°, die totale Breite der geballten Faust ca. 10° und die Handspanne ca. 22°. Man kann auch ein Lineal auf Armweite halten, 1 cm ist dann ca. 1°; in der Dunkelheit ist es aber einfacher, die Hand zu nehmen.

Die Sterne des Großen Wagens ergeben auch ein Maß, wie in der Abb. gezeigt: So mißt z.B. der Abstand der Frontsterne ca. 5,5° und der der oberen Sterne des Wagenkastens 10°.

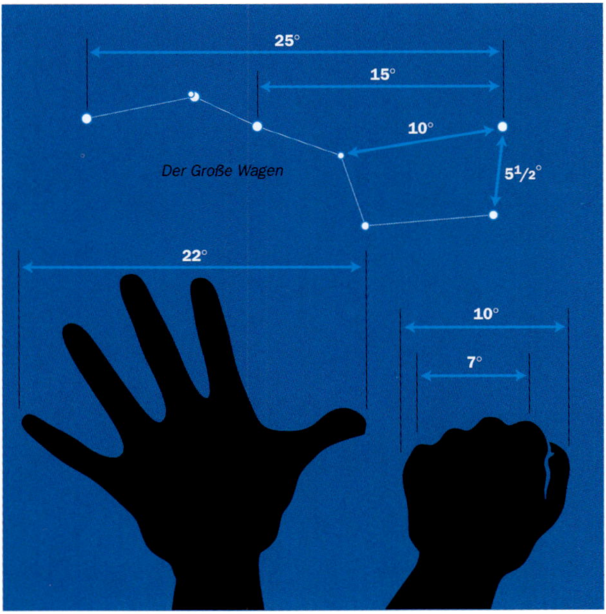

Das Abschätzen von Winkeln am Himmel

AUSWAHL UND GEBRAUCH EINES FELDSTECHERS

Anfänger meinen oft, Astronomie sei unmöglich ohne ein Teleskop. Das ist völlig falsch. Viele erfahrene Amateure, die sogar wissenschaftlich wertvolle Beobachtungen machen, benutzen lediglich einen Feldstecher. Die meisten kleinen Teleskope, die zum astronomischen Gebrauch angepriesen werden, sind dafür wertlos, außer vielleicht für Mondbeobachtungen. Daher widerstehe man der Versuchung eines übereilten Kaufs.

Es ist bei weitem besser, mit einem Fernglas zu beginnen, wobei es bei der Auswahl eine Reihe von Faktoren zu berücksichtigen gilt. Feldstecher werden durch zwei Größen bestimmt: die Vergrößerung und die Größe der Objektivlinsen, was gewöhnlich in der Form »8 x 40« oder »7 x 50« angegeben wird. Die erste Zahl gibt die Vergrößerung an, die zweite die Öffnung (in mm) der **Objektivlinsen**, d.h. der Linsen, in die das Licht zuerst eintritt.

Für die Astronomie sind große Öffnungen vorteilhaft (höhere Lichtstärke), aber wenn der Feldstecher in der Hand gehalten werden soll (wie wohl meistens), ist jeder über 50 mm zu schwer, um ihn längere Zeit ruhig zu halten. Die meisten größeren Feldstecher benötigen irgendeine Art von Halterung und sind auch in jedem Fall deutlich teurer. Ebenso sind Vergrößerungen über achtfach ungeeignet für einen in der Hand geführten Feldstecher (Zoom-Ferngläser sind ebenfalls kaum für die astronomische Anwendung geeignet).

Auch wenn die Vergrößerung nicht angegeben ist, kann sie leicht bestimmt werden. Halten Sie den Feldstecher vor einem gleichmäßig beleuchteten Hintergrund (wie z.B. dem Taghimmel) vor sich hoch – in einiger Entfernung von den Augen. Sie sehen einen kleinen beleuchteten Kreis in jedem Okular (Einblicklinse). Dieser nennt sich **Austrittspupille**. Messen Sie ihren Durchmesser, indem Sie z.B. ein Millimeter-Maß an das Okular halten (vgl. Abb. S. 14). Teilen Sie den Durchmesser des Objektivs durch den der Austrittspupille, und Sie erhalten die Vergrößerung (dasselbe gilt auch für ein Teleskop). Für astronomische Anwendungen sollte der Durchmesser der Austrittspupille 7 mm nicht übersteigen (was ungefähr der Wert für einen 7 x 50-Feldstecher ist).

Die Austrittspupille sollte exakt rund und ohne eckige Kanten sein, was anzeigt, daß die inneren Prismen kein Licht abschneiden. Dieses Problem kann bei sehr billigen Ferngläsern vorkommen.

Vorzugsweise sollten alle optischen Flächen (außen wie innen) antireflexbeschichtet sein; diese Beschichtung hat gewöhnlich einen bläulichen oder gelblichen Farbstich. Teure Feldstecher sind überall beschichtet, billige oft nur an den Außenflächen. Testen Sie es, indem Sie das Fernglas unter einen schmalen Lichtstreifen (Leuchtstoffröhre) halten und so kippen, bis Sie die von den verschiedenen inneren optischen Oberflächen reflektierten Bilder der Lichtquelle sehen: Ein weißes Reflexbild zeigt Ihnen eine unbeschichtete Fläche an (testen Sie sowohl von der Objektiv- als auch von der Okularseite aus). Hier muß man vielleicht einen Kompromiß machen, da vollbeschichtete Optiken mehr kosten.

Prüfen Sie, ob Sie wirklich scharfe Bilder aus beiden Drehrichtungen der Scharfstellung bekommen, für jede Seite einzeln und für beide zusammen. Dazu benutzen Sie ein sehr weit entferntes Objekt. Die besten Feldstecher haben getrennte Scharfstellung für beide Seiten, aber bei den meisten ist das unüblich. Wenn Sie eine Brille tragen, versichern Sie sich, daß Sie auch ohne sie eine geeignete Fokuskorrektion erreichen.

Schließlich machen Sie noch den wichtigsten Test. Suchen Sie sich ein entferntes Objekt mit einer gleichmäßigen, scharf definierten, waagrechten Linie wie z. B. eine Dachkante. Stellen Sie das Objekt scharf und bewegen Sie das Fernglas von Ihren Augen weg, bis Sie zwei separate Bilder sehen können. In guten Ferngläsern werden die beiden Dachkanten horizontal auf gleicher Höhe parallel ausgerichtet sein (vgl. Abb. S. 14); in schlechteren wird die Kante auf einer Seite etwas höher erscheinen als auf der anderen (S. 14 Mitte). Sind die Linien noch parallel und nicht allzu weit versetzt, werden Ihre Augen diesen Fehler kompensieren. Was man aber nicht haben will, ist eine Verkippung der beiden Bilder (S. 14 unten). Das Gehirn versucht unbewußt, als Ausgleich die Augen zu verdrehen, was zu einer deutlichen Überanstrengung der Augen führt. Diesen übelsten aller Fehler gilt es zu vermeiden.

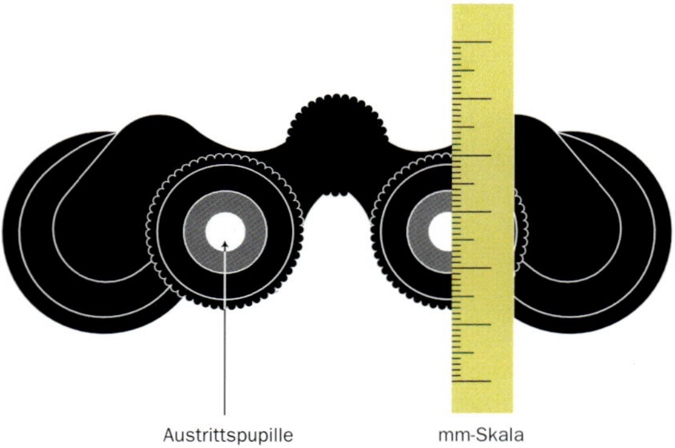

Die Vermessung der Austrittspupille eines Fernglases

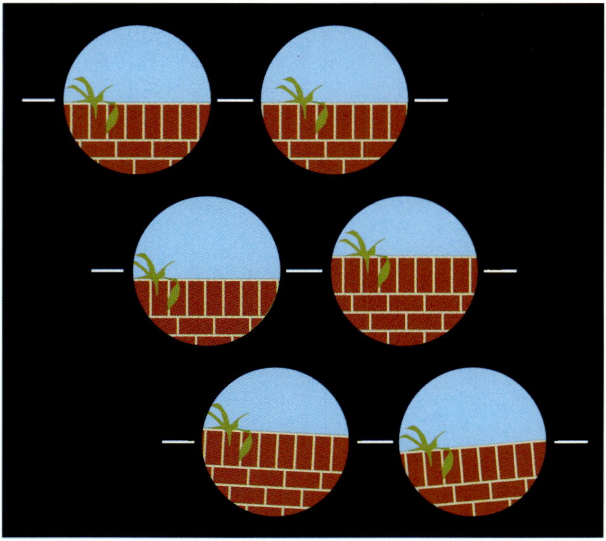

Gute Ausrichtung (oben) bzw. Dejustierung eines Fernglases

Der Gebrauch des Fernglases

Das Bild eines jeden Fernglases wird um so besser, je stabiler man das Instrument halten kann. (Eine drastische Verbesserung stellen übrigens die jetzt auf dem Markt befindlichen bildstabilisierten Feldstecher dar, die aber recht teuer sind.) Versuchen Sie, den Hals nicht zu weit nach hinten zu beugen. Wenn Sie einen Gartenstuhl verwenden, stützen Sie die Ellenbogen auf. Im Stehen hilft es auch, sich gegen eine Mauer zu lehnen oder die Ellenbogen auf etwas aufzusetzen. Man kann auch eine Kette oder Schnur in der Mitte des Feldstechers befestigen, die auf den Boden herunterhängt. Wenn man diese straff spannt, indem man mit dem Fuß auf das Ende am Boden tritt, wird sich beim Beobachten das Bild stabilisieren.

Bei kalter Witterung kann man Schwierigkeiten bekommen mit Tau, der sich auf den Linsen bildet. Taukappen für die Objektive lassen sich leicht aus matt-schwarzer Pappe herstellen (5–6 cm Länge). Tau auf dem Okular ist schwieriger zu beherrschen, weil die Linsen der warmen Gesichtsluft ausgesetzt sind. Richtig wirksam ist nur das Klarwischen mit einem weichen Tuch. Wenn Linsen am Ende einer Beobachtung taufeucht sind, sollten sie erst trocknen, bevor man die Linsen mit Kappen abdeckt oder das Fernglas verpackt.

Man behandle ein Fernglas sorgfältig. Tragen Sie es stets an einem Halsriemen und vermeiden Sie heftige Stöße. Die meisten preiswerteren Ferngläser sind nicht ausreichend gegen Dejustierung der Prismen geschützt, wenn sie harten Schlägen ausgesetzt sind, was zu den bereits beschriebenen optischen Fehlern führen kann. Dachkantprismen-Ferngläser sind robuster, aber auch teurer.

Zum Schluß soll auch noch der Nutzen von altmodischen Operngläsern erwähnt werden. Ältere haben keine modernen Finessen wie z.B. Antireflexbeschichtung, aber ihre niedrige Vergrößerung von drei- bis vierfach gestattet einen hervorragenden großflächigen Anblick der Milchstraße oder anderer Teile des Himmels.

PHOTOGRAPHIEREN DES NACHTHIMMELS

Das Photographieren des Nachthimmels ist recht einfach. Einige Menschen finden es schwierig, ihre Sternkarten mit dem, was sie sehen, in Einklang zu bringen, und lernen die Sternbilder leichter aus Photographien, die eine große Ähnlichkeit mit dem Anblick des Himmels haben.

Man kann mehr oder weniger jede Kamera nehmen, die allerdings eine »B«-Einstellung haben muß, um Aufnahmen von mehr als einer Sekunde Belichtungszeit zu ermöglichen. Ein Problem dabei ist, daß viele moderne Kameras nicht mehr mechanisch, sondern batteriebetrieben den Verschluß offen halten bzw. den Klappspiegel anheben. Lange Belichtungszeiten können dann die Batterie schnell leer werden lassen.

Aufnahme des Sternbildes Orion (5 Min. Belichtungszeit)

Außer einem Stativ braucht man einen Drahtauslöser. Da man Erschütterungen um jeden Preis vermeiden muß, benutzt man besser nicht den Kameraverschluß selbst für die Kontrolle der Belichtungszeit, sondern ein schwarzes Tuch o. ä. zum Auf- bzw. Wiederabdecken des Objektivs.

Die normalen 50-mm-Objektive in den meisten Kleinbildkameras decken etwa 35° x 47° am Himmel ab, was eine gute Größe für die meisten interessanten Sternbilder wie den Orion ist. Bei voll geöffneter Blende können Sie Belichtungszeiten von 10, 15, 20 und 30 Sekunden mit einem 400 ASA-Film versuchen. Die Sterne werden als kurze Spuren erscheinen. Bei richtig dunklem Himmel kann man mit viel längeren Belichtungen eindrucksvolle Photos schießen mit langen Sternspuren, obwohl auf solchen Aufnahmen die meisten Sternbilder dann schwieriger zu erkennen sind. Bevorzugte Gebiete sind Orion, der gerade, und der Kleine Wagen, der kreisbogenförmige Spuren zeigt.

Man sollte stets einen Objektivschutz verwenden, der nicht nur seitliches Streulicht von der Linse fernhält, sondern auch als Taukappe dient. Ein Skylight-Filter ist auch empfehlenswert, denn obwohl er theoretisch einen Lichtverlust bewirkt, schützt er aber auch die Linsen vor eventueller Beschädigung.

Die Wahl des Films ist etwas schwierig; der Negativfilm mag praktisch sein, aber die Standard-Entwicklung neigt dazu, den Himmelshintergrund auf Kosten der Sterne zu verstärken. Diafilme sind besser, und Ektachrome ergeben einen besonders guten dunklen (anstatt grünlichen) Hintergrund. Bei astronomischen Fotos sollte man stets darauf achten, den Film ungeschnitten zurückzuerhalten, weil die Entwicklungsmaschinen oft die Enden der dunklen Aufnahmen nicht erkennen und gegebenenfalls mitten durch die Bilder schneiden.

Es mag schwierig sein, die richtige Gegend anzuvisieren. Bei vielen Kameras ist das Bild im Sucher zu schwach, um Sterne zu sehen. Möglicherweise muß man sich eine einfache Visiervorrichtung herstellen, in der das Bildfeld erkennbar ist.

Seien Sie nicht enttäuscht über die geringe Größe des Mondes auf einem Photo: Mit einer 50-mm-Linse ist es ca. ein Hundertstel der Bildbreite groß. Man braucht eine viel längere Brennweite, um ein größeres Bild zu erhalten, und dann muß man auch die Kamera der Mondbewegung nachführen! Das ist etwas, was Sie zu späterer Zeit probieren sollten.

DIE HIMMELSSPHÄRE

Es ist hilfreich, wenn man ein paar spezielle Begriffe für die Einteilung des Himmels kennt. Die Sterne und alle anderen Objekte scheinen auf einer riesigen Kugelfläche zu liegen, die wir als **Himmelssphäre** bezeichnen. Für den Beobachter liegt zu jeder bestimmten Zeit die Hälfte der Sphäre unter dem Horizont. Der Punkt senkrecht über uns heißt **Zenit** und der unter unseren Füßen **Nadir**. Die Linie, die vom Nordpunkt am Horizont aufwärts durch den Zenit und herunter zum Südpunkt verläuft, ist der **Meridian**. Alle Himmelsobjekte besitzen ihre größte **Höhe** (über dem Horizont), wenn sie durch den Meridian gehen. Die Position eines Objekts kann durch seine Höhe über dem Horizont (gemessen in Grad) und durch den **Azimut** beschrieben werden. Letzterer wird gemessen um den Horizontbogen herum von Nord (0°) über Ost (90°), Süd (180°) und West (270°) bis zu dem Punkt, wo eine vertikale Linie durch das Objekt den Horizont schneidet.

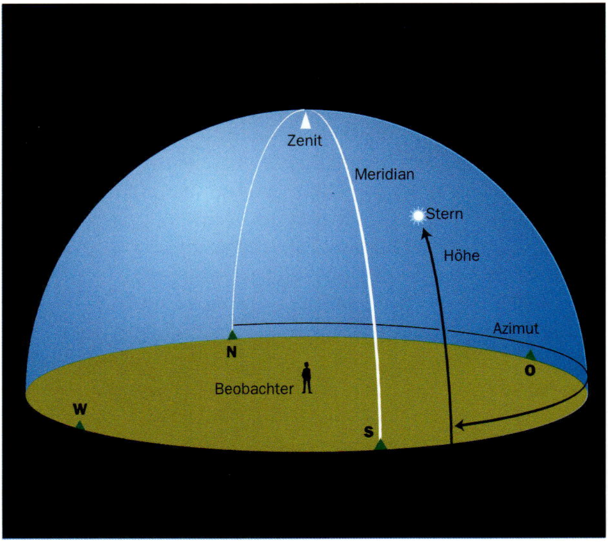

Wichtige Begriffe für den sichtbaren Teil des Himmels

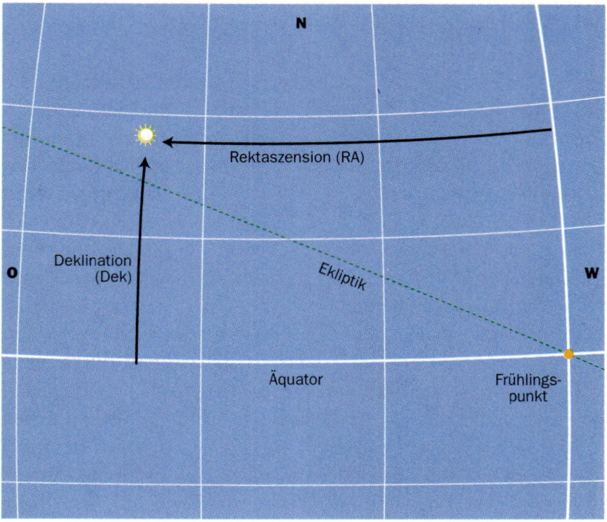

Die Koordinaten eines Sterns im Gradnetz des Himmels

Die Himmelssphäre scheint sich von Ost nach West um eine Achse zu drehen, die durch den **Himmelsnordpol** und den **Himmelssüdpol** verläuft und die mit der Erdachse zusammenfällt. Wie auf der Erde teilt der **Himmelsäquator** den Himmel in eine nördliche und eine südliche Hemisphäre.

Obwohl es in diesem Buch nicht viel benutzt wird, so ist es doch nützlich zu wissen, wie die Astronomen die exakte Position eines Objekts am Himmel festlegen. Sie gebrauchen ein System aus **Deklination** und **Rektaszension**, ähnlich der geographischen Breite und Länge. Die Deklination (analog der Breite) wird in Graden nördlich oder südlich des (Himmels-) Äquators gemessen, die Rektaszension allerdings wird (anders als die Länge) wie unser Tag in 24 Stunden zu je 60 Minuten und wiederum zu je 60 Sekunden eingeteilt; sie steigt auch nach Osten hin an, so daß mit der verstreichenden Zeit die Rektaszension im Meridian (Südlinie) ansteigt.

Auch wenn die Linien von Rektaszension und Deklination in den einzelnen Sternkarten am Ende des Buches eingetragen sind, werden sie in den einführenden und den monatlichen Karten nicht benutzt.

DER BEOBACHTBARE TEIL DES HIMMELS

Welche Sternbilder man im Verlauf einer Nacht oder zu bestimmten Jahreszeiten sehen kann, hängt von unserer geographischen Breite ab. Am Äquator könnte man alle Sterne des Himmels zu einer bestimmten Jahreszeit sehen. Im Gegensatz dazu ist am Nordpol die Hälfte aller Sterne stets über dem Horizont, die andere Hälfte ist immer unsichtbar.

Jeder, der den nördlichen Himmel über eine Nacht hinweg beobachtet, erkennt, daß einige Sternbilder immer sichtbar bleiben, obwohl ihre erkennbare Position sich entsprechend der Erddrehung ändert. Diese **Zirkumpolarsterne** sind stets über dem Horizont (auch am Tage). Sie scheinen sich um einen festen Punkt zu drehen, den Himmelsnordpol (S. 18). Beobachter auf der Nordhalbkugel haben Glück, denn ein heller Stern mit Namen Polaris steht diesem Punkt sehr nahe.

Lang belichtete Aufnahmen zeigen klar, wie zirkumpolare Sterne diesen Punkt einmal am Tag umkreisen. Selbst Polaris hinterläßt eine kleine Kreisspur, weil er nicht exakt am Himmelspol steht. (Es gibt keinen auffälligen Stern nahe dem Him-

Eine Satellitenspur kreuzt den Kleinen Wagen (links Polaris)

Kreisspuren der Zirkumpolarsterne (eine Stunde Belichtung)

melssüdpol, so daß auf der Südhalbkugel die Sterne um einen leeren Fleck zu kreisen scheinen.)

Die Größe der nördlichen zirkumpolaren Gegend wächst, je näher man selber dem Nordpol ist. Weil zirkumpolare Sternbilder in jeder klaren Nacht sichtbar sind, sind sie die ersten, die man kennenlernen sollte. Sie sind auf den S. 30–35 beschrieben. Wenn wir sie erkennen, werden sie uns zu den anderen Sternbildern hinleiten, die nur jeweils für einen Teil der Nacht oder zu bestimmten Jahreszeiten erscheinen.

Sterne - gerade außerhalb des Zirkumpolarkreises – tauchen für eine kurze Zeit in der Nacht unter den Horizont, sind also in den meisten Nächten zu sehen. Sterne in der Nähe des Himmelsäquators erscheinen jeweils für etwa sechs Stunden und sind für etwa sechs Monate im Jahr im Tageslicht verschwunden. Südlich des Himmelsäquators ist die Sichtbarkeitszeit um so kürzer, je näher die Sterne am Himmelssüdpol stehen. Die südlichsten zirkumpolaren Sterne bleiben für uns immer unter dem Horizont.

DER SICH DREHENDE HIMMEL

Der Anblick des Himmels ändert sich während der Nacht, von Tag zu Tag und über den Verlauf des Jahres hinweg. Das verwirrt manche Menschen, die nur gelegentlich an den Himmel schauen. Aber wenn man einmal die Ursachen für diese Veränderungen verstanden hat, ist das keine Schwierigkeit mehr.

Es gibt drei Hauptgründe für diese Veränderungen. Am einfachsten zu verstehen ist die Erddrehung. Obwohl nahezu jeder weiß, daß die Sonne sich über den Himmel zu bewegen scheint, nicht weil sie sich bewegt, sondern weil sich die Erde um ihre Achse dreht, können viele Leute nicht verstehen, daß das auch der Grund für die Bewegung der Sterne ist. So sieht man z. B. im Süden kurz nach Sonnenuntergang völlig andere Sterne als kurz vor Sonnenaufgang.

Die anderen Gründe für das wechselnde Erscheinungsbild des Himmels werden später beschrieben. Sie hängen mit den Jahreszeiten (S. 24) sowie mit der Bewegung des Mondes (S. 25) und der Planeten (S. 25–27) zusammen.

Unser 24-Stunden-Tag (bzw. **Sonnentag**) basiert auf der scheinbaren Bewegung der Sonne. Er ist der mittlere Zeitraum

Der Große Wagen um 22 Uhr im Winter (rechts), Frühling, Sommer, Herbst

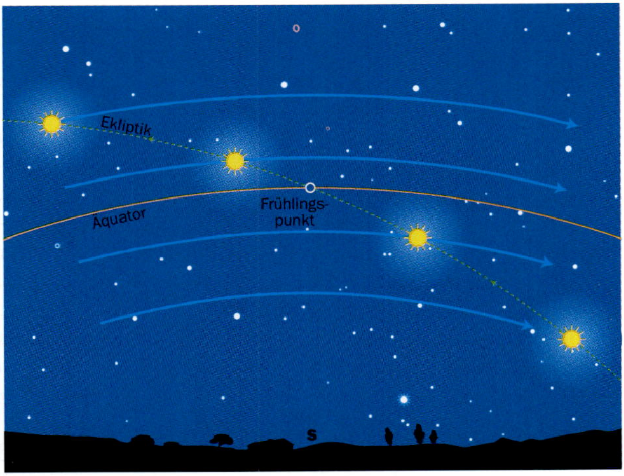

Die Bahn der Sonne zur Zeit der Frühlings-Tagnachtgleiche

von einem Mittag zum nächsten, wenn die Sonne den Meridian kreuzt.

Tatsächlich dauert die wahre Erddrehung relativ zu den Sternen (ein **Sterntag**) etwas kürzer (rund 23h 56m 4s). Diese Differenz von ca. vier Minuten entsteht, weil sich während eines Tages die Erde auch auf ihrer Bahn ein Stück weiterbewegt, so daß sie sich ein bißchen weiter drehen muß, damit die Sonne dieselbe Position am Himmel erreicht.

Das hat zur Folge, daß sich die Sternbilder relativ zur Sonne (und unserer Uhr) – außer ihrer täglichen Drehung – langsam, Tag für Tag über den Himmel von Osten nach Westen bewegen. Sternbilder, die über Monate hinweg am Nachthimmel standen, sinken unter den westlichen Horizont und sind nach Sonnenuntergang nicht mehr zu sehen. Ebenso erscheinen neue Sternbilder im Osten zunächst kurz vor Sonnenaufgang und dann, nach und nach, immer früher in der Nacht, bis sie ebenso irgendwann in der Abenddämmerung verschwinden. Der gesamte Zyklus wird in einem Jahr vollendet.

DIE BEWEGUNG VON SONNE, MOND UND PLANETEN

Jeder weiß, daß die erkennbare Bahn der Sonne am Himmel (die **Ekliptik**) im Sommer höher liegt als im Winter. Das ist so, weil die Erdachse nicht senkrecht auf ihrer Bahn steht, sondern um ca. 23,4° geneigt ist (wenn sie rechtwinklig stünde, fielen Ekliptik und Himmelsäquator zusammen, und wir hätten keine Jahreszeiten). Die Sonne erreicht ihren höchsten Punkt zur Sommer-**Sonnenwende** (am 20. oder 21. Juni) und ihren tiefsten zur Winter-Sonnenwende (am 21. oder 22. Dezember). Die geringen Variationen rühren daher, daß das Kalenderjahr keine ganze Zahl von Tagen hat.

Auf ihrer scheinbaren Bahn kreuzt die Sonne zweimal im Jahr den Himmelsäquator: von Süd nach Nord im Frühlings-**Äquinox** (Tagundnachtgleiche, am 20. oder 21. März), und von Nord nach Süd im Herbst-Äquinox (am 22. oder 23. Sept.). Das Frühlingsäquinox ist besonders wichtig, weil es als Nullpunkt für die Rektaszension (S.19) benutzt wird; dieser Punkt am Himmel heißt **Frühlingspunkt**.

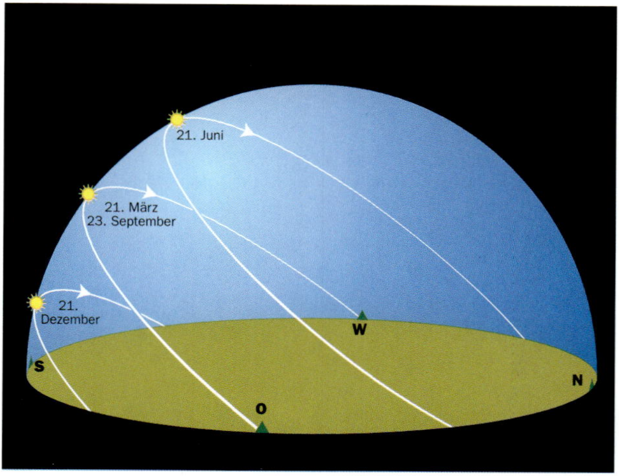

Die Höhe der Sonne im Laufe des Jahres

Die Sonne geht im Sommer im Nordosten, im Winter im Südosten auf. An den Äquinoktien geht sie genau im Osten auf und genau im Westen unter. Darin unterscheidet sie sich von allen Sternen, die stets am gleichen Punkt am Horizont aufgehen.

Die Bewegung des Mondes

Weil der Mond sich um die Erde dreht, bewegt er sich langsam von Westen nach Osten um etwas mehr als seinen Durchmesser pro Stunde. Im Verhältnis zu den Sternen dauert ein kompletter Umlauf 27,32 Tage, aber wegen des Unterschiedes zwischen den siderischen und den Sonnen-Tagen (s. S. 22) braucht er ca. zwei Tage länger, um an dieselbe Position relativ zur Sonne zu gelangen, z. B. von Vollmond zu Vollmond.

Jeder, der den Mond über mehrere Monate hinweg beobachtet, erkennt, daß dieser sich wie die Sonne verhält: Er steht mal höher, mal tiefer am Himmel. Weniger offensichtlich ist allerdings, daß die Mondbewegung viel komplexer ist. Sein Orbit um die Erde ist nicht nur gegen die Ekliptik geneigt, sondern bewegt sich auch im Raum. Daher zieht der Mond auf einer komplizierten Bahn mal oberhalb und mal unterhalb der Ekliptik. So steht er zeitweise knapp über dem Horizont, zeitweise hoch am Himmel. Glücklicherweise ist der Mond normalerweise leicht zu finden, so daß wir Einzelheiten seiner Bahn hier nicht diskutieren müssen.

Der Tierkreis

Das Band am Himmel, in dem der Mond zu finden ist, ca. 8° beiderseits der Ekliptik, nennt sich der **Tierkreis**. Er besteht ursprünglich aus zwölf Sternbildern. Wegen der Änderungen der Sternbildgrenzen über die Jahrhunderte hinweg und wegen der Bewegung der Erdachse (bekannt als **Präzession**, die wir hier nicht erörtern) ragen auch Teile anderer Sternbilder in den Tierkreis hinein, deren Karten sich auf S. 132–133 finden.

Die Bewegung der Planeten

Die Bewegungen der Planeten sind noch komplizierter als die des Mondes, aber wir müssen die Ursachen hier nicht in allen Details erörtern. Es genügt, wenn man eine gewisse Vorstellung davon hat, warum Planeten zu manchen Zeiten besser zu beobachten sind als zu anderen und wie sie sich generell bewegen.

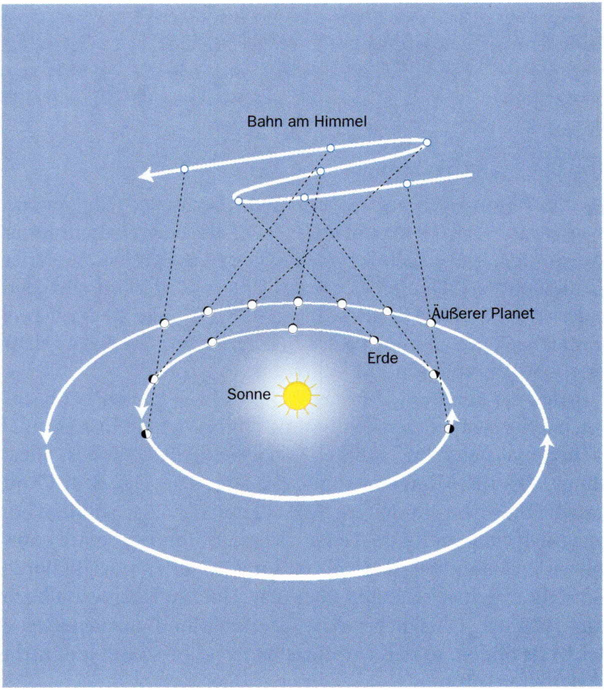

Die scheinbare Bewegung eines äußeren Planeten am Himmel

Wegen dieser Kompliziertheit finden Sie auf S. 134–153 Karten mit ihren Positionen in den nächsten fünf Jahren.
Diejenigen Planeten, die mit dem bloßen Auge oder einem kleinen Teleskop zu sehen sind, liegen immer im Tierkreis. Im allgemeinen ziehen sie langsam von West nach Ost, aber manchmal scheinen sie sich wegen der Überlagerung von Erd- und Planetenbewegung auch rückwärts am Himmel zu bewegen, bekannt als **retrograde** Bewegung. Die verschiedenen Planetenbahnneigungen bewirken auch eine Bewegung in der Deklination; beide Effekte zusammen bewirken einen S- oder Z-förmigen Weg am Himmel.

Die **äußeren Planeten**, deren Bahnen außerhalb der Erdbahn liegen (Mars, Jupiter, Saturn und Uranus, ebenso wie Neptun und Pluto), stehen zeitweise entgegengesetzt zur Sonne am Himmel. Sie befinden sich dann in **Opposition** und sind so am besten zu beobachten (sie befinden sich dann auch in der Mitte ihrer retrograden Bewegung). Zu anderen Zeiten scheinen diese Planeten hinter der Sonne vorbeizulaufen (und sind in ihrem Glanz unsichtbar). Man sagt, sie stehen in **Konjunktion**.

Die beiden **inneren Planeten**, Merkur und Venus, umlaufen die Sonne innerhalb der Erdbahn, und ihre Wege sind komplizierte Serien von Schleifen rückwärts und vorwärts über den Himmel. Natürlich stehen sie niemals in Opposition, sondern in **unterer Konjunktion**, wenn sie sich zwischen Erde und Sonne, bzw. **oberer Konjunktion**, wenn sie sich hinter der Sonne befinden (s. Abb.). Diese zwei Planeten stehen der Sonne stets ziemlich nahe und sind am leichtesten zu finden, wenn sie auf östlicher oder westlicher Seite am weitesten von der Sonne weg sind: in größter östlicher oder westlicher **Elongation**.

Wenn Sie jemals Schwierigkeiten haben, ein Tierkreissternbild zu erkennen, mag ein heller Planet (Venus, Mars, Jupiter, Saturn) in derselben Gegend der Grund sein, da dieser das erkennbare Bild der hellen »Sterne« komplett verändert. Die Karten können helfen, diese Verwirrung zu vermeiden.

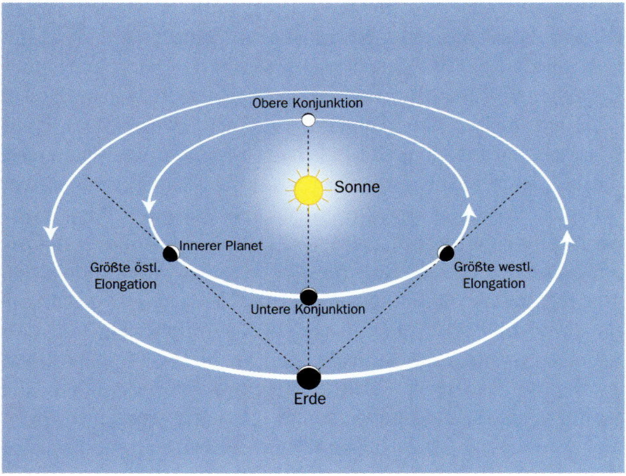

Die Bewegung eines inneren Planeten relativ zu Sonne und Erde

DIE NAMEN VON STERNEN UND ANDEREN OBJEKTEN

Wie früher erwähnt, benutzen wir in diesem Buch die gängigen lateinischen Namen für die Sternbilder. Die Benennung einzelner Sterne ist komplizierter. Fast alle hellen Sterne haben Eigennamen, von denen einige lateinisch sind (z. B. Polaris), aber viele auch eingedeutschte Versionen arabischer Namen (z. B. Beteigeuze). Im allgemeinen tauchen in den einführenden und monatlichen Karten nur diese auf.

1603 hat Johannes Bayer eine andere Art von Sternnamen eingeführt: griechische Buchstaben gefolgt vom Genitiv des Sternbildnamens, also z. B. α Ursae Maioris, »alpha des Großen Bären«. Er bezifferte die Sterne mehr oder weniger in der Reihenfolge ihrer Helligkeit, so daß der hellste alpha (α), der zweithellste beta (β) usw. hieß (in einigen Sternbildern gingen ihm die griechischen Buchstaben aus, und er nahm dann lateinische). Diese Namen werden von den Astronomen bis heute verwendet, weshalb wir hier das ganze griechische Alphabet auflisten. Astronomen benutzen für die Sternbilder meist eine Standardabkürzung aus drei Buchstaben, die auch auf S. 168–251 aufgeführt werden.

Einige der schwächeren Sterne werden mit Zahlen bezeichnet. Dies sind die **Flamsteed-Nummern**, eingeführt 1725 von John Flamsteed, der die Sterne aller Sternbilder nach steigender Rektaszension (S. 19) numeriert hat, also von West nach Ost.

Einige nichtstellare Objekte wie z. B. Sternhaufen und Galaxien werden ebenso durch Nummern kenntlich gemacht. Solche, die mit einem »M« beginnen, sind Objekte aus einem berühmten Katalog von »Nebelobjekten« (die mit Kometen verwechselt werden könnten), der 1771–1781 von dem französischen Astronomen Charles Messier verfaßt wurde. Andere numerierte nichtstellare Objekte sind im New General Catalogue (NGC) von J. L. Dreyer enthalten, 1888 veröffentlicht.

Einige nichtstellare Objekte sind so hell, daß man ihnen bereits in der Antike Namen gegeben hat, vor allem die Sternhaufen, die als die Pleiaden (S. 244), die Hyaden (S. 244), und Praesepe (S. 182) bekannt sind. Einige der moderneren Namen werden bei der Besprechung der einzelnen Sternbilder erwähnt.

Die Helligkeit der Sterne

Die Helligkeit eines Sterns oder Planeten wird **Magnitude** (d.h. »Größe«) genannt. Die Skala stammt aus der Antike: Die hellsten Objekte bekamen die 1. Magnitude, etwas schwächere die 2. usw. Es gibt eine exakte mathematische Beziehung, die die Magnituden-Skala beschreibt, aber für unsere Zwecke reicht es zu wissen, daß die schwächsten bei guten Bedingungen mit dem bloßen Auge sichtbaren Sterne die Magnitude 6 haben (diese **Grenzgröße** für das bloße Auge entspricht einem Hundertstel der Helligkeit eines Sterns der 1. Magnitude). Die Skala reicht am hellen Ende über die 1 hinaus, Wega (α Lyr) hat z.B. die Magnitude 0, Sirius (der hellste Stern am Himmel) hat die negative Magnitude –1,4, Venus (der hellste Planet) erreicht zeitweise –4, und der Vollmond hat –13.

Auf unseren Karten ist die Grenzgröße für die monatlichen Karten und die Orientierungskarten ungefähr 4 und für die der individuellen Sternbilder weiter hinten in diesem Buch 5,5.

Das griechische Alphabet

α alpha	ζ zeta	λ lambda	π pi	φ phi
β beta	η eta	μ mü	ρ rho	χ chi
γ gamma	ϑ theta	ν nü	σ sigma	ψ psi
δ delta	ι iota	ξ xi	τ tau	ω omega
ε epsilon	κ kappa	ο omicron	υ ypsilon	

DIE ZIRKUMPOLARSTERNE

Die beste Methode, ein Sternbild, einen Stern oder irgendein anderes Objekt zu finden, ist das sogenannte »Sternhüpfen«: Die Figur bekannter Sterne führt uns zu unbekannten. Dies mag grob klingen, sogar zu simpel, aber lassen Sie sich nicht irritieren. Ein ähnliches Vorgehen benutzen viele erfahrene Amateur-Astronomen, um schwache Objekte aufzusuchen – sogar mit starken Teleskopen – denn manchmal ist dies einfacher und schneller als eine ausgeklügeltere Methode. Das menschliche Auge ist extrem clever, einfache Figuren zu erkennen und sich zu merken, so daß diese Methode tatsächlich sehr effektiv ist.

Weil diese in jeder klaren Nacht zu sehen sind, ist es sinnvoll, mit den nördlichen Zirkumpolar-Sternbildern zu beginnen. Es gibt davon fünf wichtige: Ursa Maior, Ursa Minor, Cassiopeia, Cepheus und Draco. Sie sind in der nebenstehenden Karte gezeigt, in der man auch erkennt, daß Teile einiger anderer Sternbilder ebenfalls zirkumpolar sind.

Die Höhe des Himmelspols ist dieselbe wie die geographische Breite des Beobachters, d. h. auf 50° nördlicher Breite, wofür die

Der Große Wagen: Hier starten wir

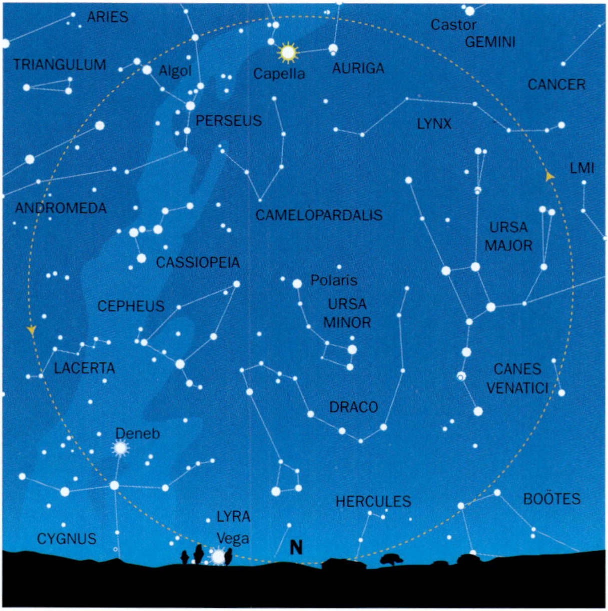

Die Sternbilder in der nördlichen Zirkumpolarregion

Karten dieses Buches gezeichnet sind, steht der Pol 50° hoch und ein Kreis von 100° am Himmel ist zirkumpolar. In der Praxis ist allerdings die Gegend nahe dem Horizont oft durch Dunst oder Streulicht unzugänglich. Auch wird, je näher ein Stern am Horizont steht, desto mehr von seinem Licht absorbiert. Nur ganz wenige helle Sterne sind unterhalb von 10° über dem Horizont noch zu sehen. Capella z.B. liegt 43° vom Himmelsnordpol entfernt und ist normalerweise gerade noch über dem Horizont zu erkennen, wenn sie genau im Norden steht.

Ein Effekt, bekannt als **Refraktion**, wirkt dem Verlust der Sichtbarkeit nahe dem Horizont entgegen. Der Weg des Lichts durch die Atmosphäre ist gekrümmt, was die Bilder der Sterne (und anderer Objekte) derart anhebt, daß sie bei niedriger Höhe länger sichtbar sind. Wenn z.B. die Sonne unterzugehen scheint, ist sie tatsächlich bereits ca. 0,5° (etwa ihr Durchmesser) unter dem Horizont; ebenso werden andere Objekte »angehoben«.

Auffinden von Polaris und Ursa Minor vom Großen Wagen aus

Beginnen wir, den Himmel zu erlernen, indem wir die sieben Sterne des Großen Wagens finden, der einen Teil des Sternbildes Ursa Maior bildet (Großer Bär). Ihre Figur ist so einprägsam, daß sie fast jeder schon kennt, aber wenn Sie unsicher sind, werden Sie sie mit Hilfe der hier gezeigten Karten finden. Ihre wechselnde Position am Himmel über das Jahr hinweg entnehmen Sie den Monatskarten. Die zwei Sterne am Ende der »Schüssel« sind α und β Ursae Maioris, auch genannt **Dubhe** und **Merak**, die man auch als **Pointer** kennt.

Eine Verbindungslinie zwischen ihnen fünfmal verlängert, führt zu einem einzelnen helleren Stern: Das ist Polaris, α Ursae Minoris, der Polarstern (S. 20). Er ist der hellste Stern im kleinen Sternbild **Ursa Minor** (Kleiner Bär), das hauptsächlich aus einem groben Viereck von Sternen besteht sowie drei weiteren, die den Schwanz bilden mit Polaris an der Spitze. Die zwei hellsten Sterne des Vierecks (nächst dem Großen Wagen) sind α und β Ursae Minoris, **Kochab** und **Pherkad**, auch als die **Wächter** bekannt.

Auf der dem Großen Wagen abgewandten Seite des Poles ist das einprägsame Sternbild der **Cassiopeia** zu finden mit einer auffälligen Guppe von fünf Sternen, die ein »W« bilden (oder, zu anderer Zeit, ein »M«). Ganz gleich, wann Sie beobachten, entweder Ursa Maior oder Cassiopeia werden leicht zu sehen sein und Ihnen helfen, sich am Himmel zu orientieren, sogar wenn große Teile des Nordhimmels durch Häuser oder Bäume verdeckt sind.

Eine Linie vom ersten Deichselstern des Großen Wagens durch Polaris, noch einmal um etwa dieselbe Distanz verlängert, führt zu γ Cassiopeiae (mit Namen **Cih**), dem Zentralstern des »W«. Cassiopeia liegt in einer ziemlich dichten Gegend der Milchstraße, daher wird in einer klaren Nacht in dieser Region eine große Zahl weiterer Sterne zu sehen sein.

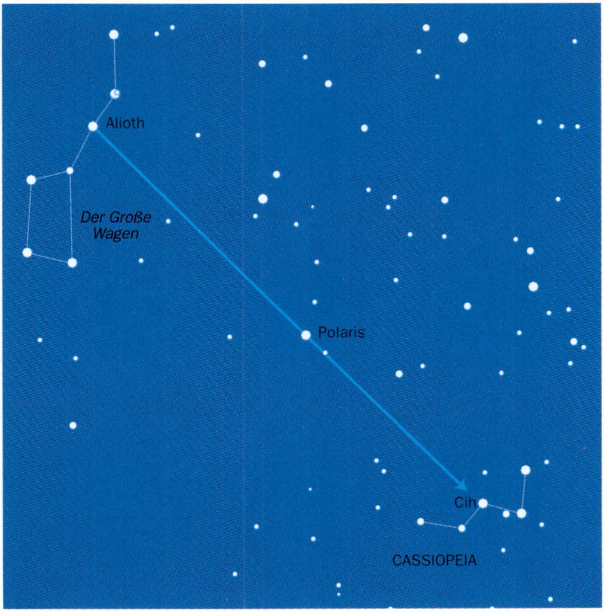

Auffinden der Cassiopeia vom Großen Wagen und Polaris aus

Die anderen zwei Sternbilder von unmittelbarem Interesse in der nördlichen Zirkumpolarregion sind schwächer. Das Sternbild des Cepheus besitzt fünf Hauptsterne, die normalerweise als schiefe Giebelseite eines Hauses beschrieben werden. Eine Linie von den »Pointers« des Großen Wagens durch Polaris, nochmal verlängert um ca. die halbe Strecke davon, zielt ungefähr auf das Zentrum des Giebeldreiecks. Der Stern am Apex, γ Cephei (**Errai**) liegt dicht bei der Linie zwischen Polaris und β Cassiopeiae (**Caph**). Eine Linie durch α und β Cassiopeiae führt zum hellsten Stern im Cepheus, α (**Alderamin**) am einen Ende der Basis. Wie Cassiopeia umfaßt auch Cepheus einen Teil der Milchstraße, so daß sich viele schwache Sterne im unteren Teil des Sternbildes befinden.

Draco (der Drache) ist ein derart langes und sich herumwindendes Sternbild, daß es auf den ersten Blick etwas schwierig zu erkennen ist. Suchen Sie γ und δ Ursae Maioris (**Phecda** und

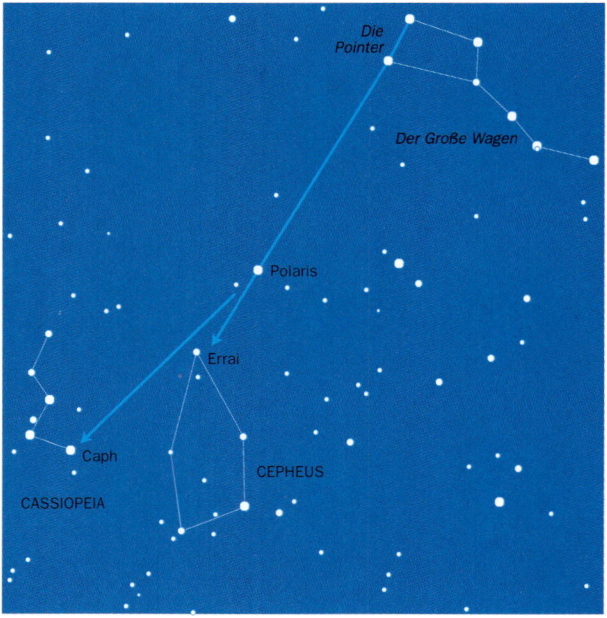

Auffinden des Sternbilds Cepheus

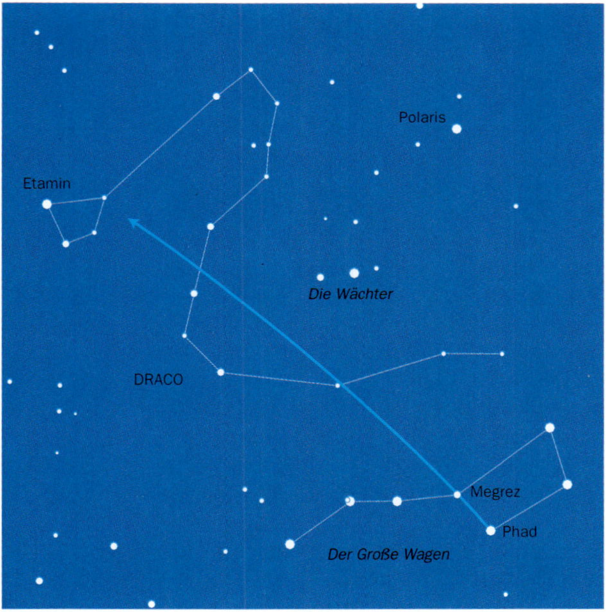

Aufsuchen des Kopfes des Sternbildes Draco

Megrez) am hinteren Wagenende auf; führen Sie diese Linie etwa achtmal weiter über den Himmel südlich an den »Wächtern« in Ursa Minor vorbei. Das bringt Sie zu einer auffälligen »Raute« von vier mittelhellen Sternen, von denen der hellste (γ bzw. **Eltanin**) am weitesten vom Pol entfernt steht. Diese bilden den Kopf des Drachen. Von hier aus verläuft der Körper zunächst in Richtung Cepheus und dreht dann zurück in einem Bogen über den Großen Wagen. Er endet zwischen Ursa Maior und Ursa Minor bei einem Stern oberhalb der »Pointer«.

Es gibt noch ein weiteres, ganz zirkumpolares Sternbild, Camelopardalis (Giraffe), das aber sehr schwach ist und später beschrieben wird (S. 180). Dasselbe gilt für andere teilweise zirkumpolare Sternbilder.

SO BENUTZEN SIE DIE MONATSKARTEN

Die zirkumpolaren Sternbilder kann man jederzeit erlernen; die meisten anderen sind am leichtesten zu bestimmten Jahreszeiten zu sehen. Die folgenden Seiten liefern Ihnen Karten für jeden Monat.

Zwei Karten zeigen den großräumigen Anblick des Himmels, eine mit Blick nach Norden, eine nach Süden. Sie sind – als Kompromiß für den Großteil Europas – für eine geographische Breite von 50° gezeichnet. Beobachter weiter nördlich sehen mehr Sterne über dem nördlichen und weniger über dem südlichen Horizont; das Gegenteil gilt für südlichere Standorte. Auch sind die Karten so gezeichnet, daß sie das Gebiet um den Zenit herum, direkt über unserem Kopf, ohne die manchmal auftretende Verzerrrung zeigen. Sie haben einen großzügigen Überlapp, so daß die ganze sichtbare Hemisphäre abgedeckt wird.

Das Datum und die Uhrzeit auf jedem Monatssatz bedarf einer kurzen Erklärung. Die Karten zeigen den Himmel zur Monatsmitte um 22 Uhr lokaler Normalzeit während der Wintermonate und 23 Uhr lokaler Sommerzeit für die Sommerzeitperiode. Diese Zeit wurde gewählt, weil es dann auch im Sommer dunkel genug ist, selbst wenn Beobachter im hohen Norden immer noch Dämmerlicht haben werden. Für Deutschland ist die lokale die Mitteleuropäische Zeit (MEZ) im Winter und die Mitteleuropäische Sommerzeit (MESZ) im Sommer (derzeitiger Beginn am letzten März-Sonntag, Ende am letzten Oktober-Sonntag).

Die Karten können auch zu anderen Nachtzeiten benutzt werden; die ersten Karten sind z. B. für 22 Uhr am 15. Januar gezeichnet, sie passen aber auch für 23 Uhr am 1. Januar und für 21 Uhr am 1. Februar. Diese Tage und Uhrzeiten sind auf jedem Monatssatz angegeben, womit man leicht herausfinden kann, welche Sterne in einer beliebigen Nacht wo zu finden sind. Der Unterschied pro Monat beträgt zwei Stunden, so daß man z. B. einen Monat zurückblättern muß, wenn man sehen will, wie der Himmel zwei Stunden früher in der Nacht aussieht (wenn es dann schon dunkel ist), bzw. für den Anblick zwei Stunden später einen Monat vorblättern.

Es gibt zwei oder drei weitere Karten für jeden Monat. Sie zeigen uns, wie man spezielle Sternbilder findet, entweder von den zirkumpolaren Sternbildern aus, die wir bereits kennen, oder von leicht identifizierbaren äquatorialen Sternbildern. Jeden Monat wird eines der zwölf Tierkreisbilder vorgestellt zusammen mit zwei oder gelegentlich drei weiteren, die schön über dem Horizont stehen.

Lassen Sie sich nicht entmutigen durch den Gedanken, so viele verschiedene Sterne und Sternbilder lernen zu müssen. Sie werden bald sehen, daß Sie die bekannteren erkennen können; die Lücken können Sie später mit den schwächeren und kleineren Sternbildern füllen. Die folgende Tabelle listet auf, auf welchen Monatskarten Sie die einzelnen Sternbilder finden können.

Um Verwirrung zu vermeiden, zeigen die Monatskarten nur die hellsten Sterne in jedem Sternbild. Schwächere Sterne sind in den Karten der einzelnen Sternbilder weiter hinten in diesem Buch enthalten. Es ist auch angegeben, wenn während eines Monats ein Meteorschauer (S. 160) zu erwarten ist.

Aufsuchkarten für die folgenden Sternbilder finden Sie auf folgenden Seiten:

Folgende Hauptfiguren werden nicht durch Aufsuchkarten illustriert, sondern auf den folgenden Seiten beschrieben:

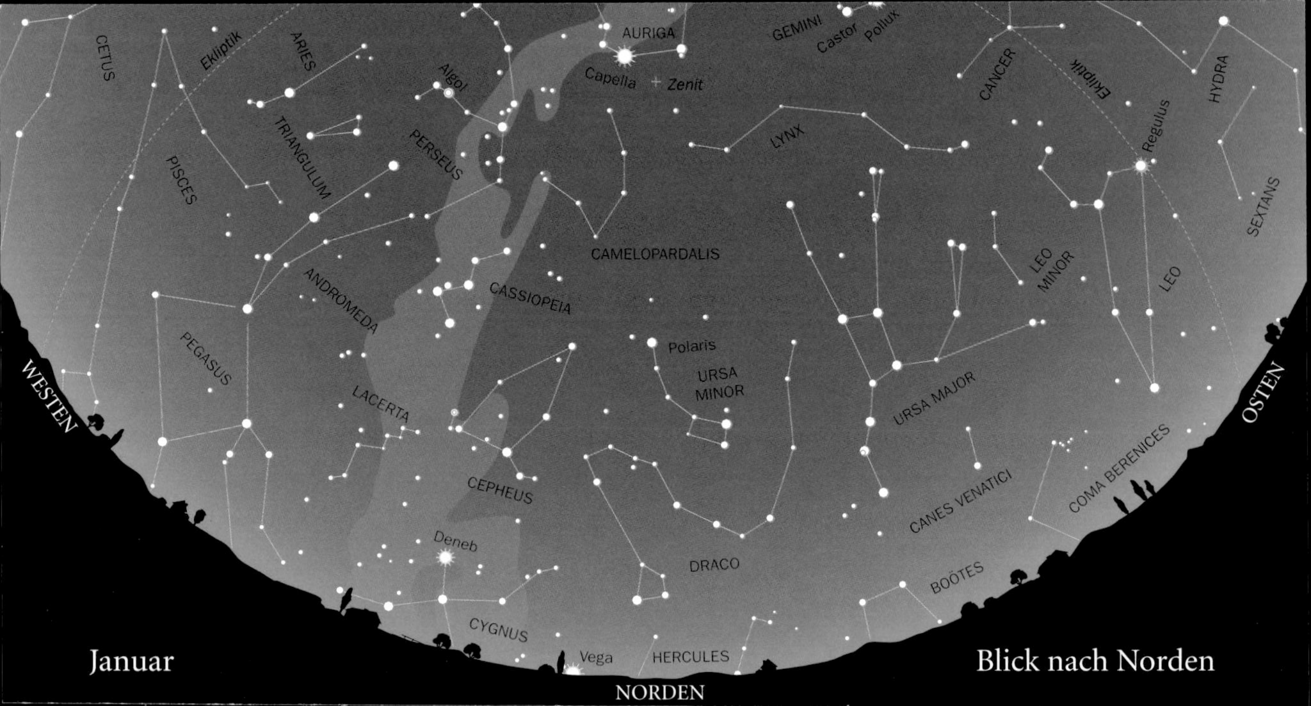

Januar

Blick nach Norden

Januar-Karten können zu folgenden Tagen und Zeiten benutzt werden:

1. Jan. 23:00 MEZ
15. Jan. 22:00 MEZ
1. Feb. 21:00 MEZ

Januar – Blick nach Norden

Die meisten zirkumpolaren Sternbilder sind zu dieser Jahreszeit leicht am Nordhimmel zu sehen. **Ursa Maior** findet man senkrecht im Nordosten, den Körper von **Ursa Minor** unterhalb des Pols im Norden. Der Kopf des **Draco** steht niedrig über dem Nordhorizont und ist unter Umständen schwierig zu finden.

Cepheus und **Cassiopeia** sind leicht im Nordwesten zu erkennen, und sogar das Sternbild **Camelopardalis** (Giraffe) steht hoch genug am Himmel, um die schwachen Sterne darin zu sehen. Das große Quadrat des Pegasus (S. 95) geht im Westen unter, während Leo (S. 59) im Osten aufgeht.

Das gesamte Sternbild des Großen Bären

Januar
Blick nach Süden
OSTEN
SÜDEN
WESTEN
Zenit
Ekliptik
COMA BERENICES
URSA MAJOR
LEO MINOR
LYNX
CAMELOPARDALIS
Capella
PERSEUS
ANDROMEDA
PEGASUS
Algol
TRIANGULUM
AURIGA
Castor
Pollux
GEMINI
CANCER
LEO
Pleiaden
ARIES
PISCES
Regulus
CANIS MINOR
Betelgeuse
Aldebaran
TAURUS
SEXTANS
Procyon
ORION
Mira
CETUS
HYDRA
MONOCEROS
Rigel
Sirius
ERIDANUS
PUPPIS
CANIS MAJOR
LEPUS
PYXIS
FORNAX
COLUMBA

Januar – Blick nach Süden

Im Süden dominiert **Orion** den Himmel. Das ist das wichtigste Sternbild der Wintermonate, in denen es zu einer bestimmten Zeit der Nacht sichtbar ist. Seine ganz besondere Form mit den drei Gürtelsternen in der Mitte ist nicht zu verfehlen. Etwas abhängig vom Sehvermögen kann **Beteigeuze**, der helle Stern an der Nordwestseite, einen rötlichen Schimmer zeigen. **Rigel** auf der anderen Seite des Sternbildes leuchtet hell bläulich-weiß. Ein senkrechte Linie von drei »Sternen« bildet das »Schwert«, das unter dem Gürtel hängt. Bei klarem dunklem Himmel erscheint der mittlere »Stern« als Nebelfleck – das ist der große Orionnebel (S. 226).

Orion, das wichtigste Wintersternbild

METEORE

1.–6. Januar
(Höhepunkt 4. Januar):

Quadrantiden
Meteor Strom, helle, bläulich- und gelblich-weiße Meteore (S. 160).

Maximale Zahl:
70 pro Stunde.

Januar

Folgen Sie der Linie der Gürtelsterne im Orion hoch Richtung Nordwesten, um den orange getönten **Aldebaran** im **Taurus** (Stier) zu finden. Das auffällige »V« von Sternen, das nach Südwesten zeigt, ist als Sternhaufen der **Hyaden** bekannt. Verfolgen wir die Linie von den Orion-Sternen weiter, kommen wir fast genau zu einem hellen Sternhaufen, den **Pleiaden** oder Siebengestirn. Selbst der kleinste Feldstecher zeigt uns diesen Sternhaufen als wunderschöne Gruppe bläulich-weißer Sterne. Die nächsten auffälligen Sterne im Taurus sind zwei direkt über dem Orion, die mit Aldebaran ein längliches Dreieck bilden. Früher wurde der nördliche dieser beiden, β Tauri, oft als Teil des Sternbildes Auriga angesehen.

JANUAR

Nahezu direkt über uns (d. h. nahe dem Zenit) befindet sich zu dieser Jahreszeit die strahlende **Capella**, der hellste Stern in der **Auriga** (Fuhrmann). Das Dreieck schwächerer Sterne ewas westlich davon ist bekann als »die Zicklein« (antike mythologische Darstellungen des Fuhrmanns zeigen ihn mit zwei jungen Ziegen im Arm). Capella kann man auch finden, indem man die Linie der beiden oberen Kastensterne des Großen Wagens (δ und α UMa) etwa fünfmal verlängert. Nimmt man den nördlichsten hellen Stern im Stier (β Tauri) hinzu, bildet der Hauptkörper von Auriga ein großes Fünfeck am Himmel.

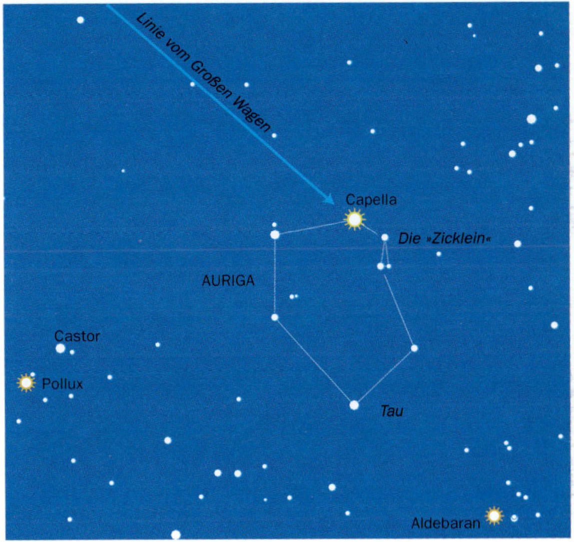

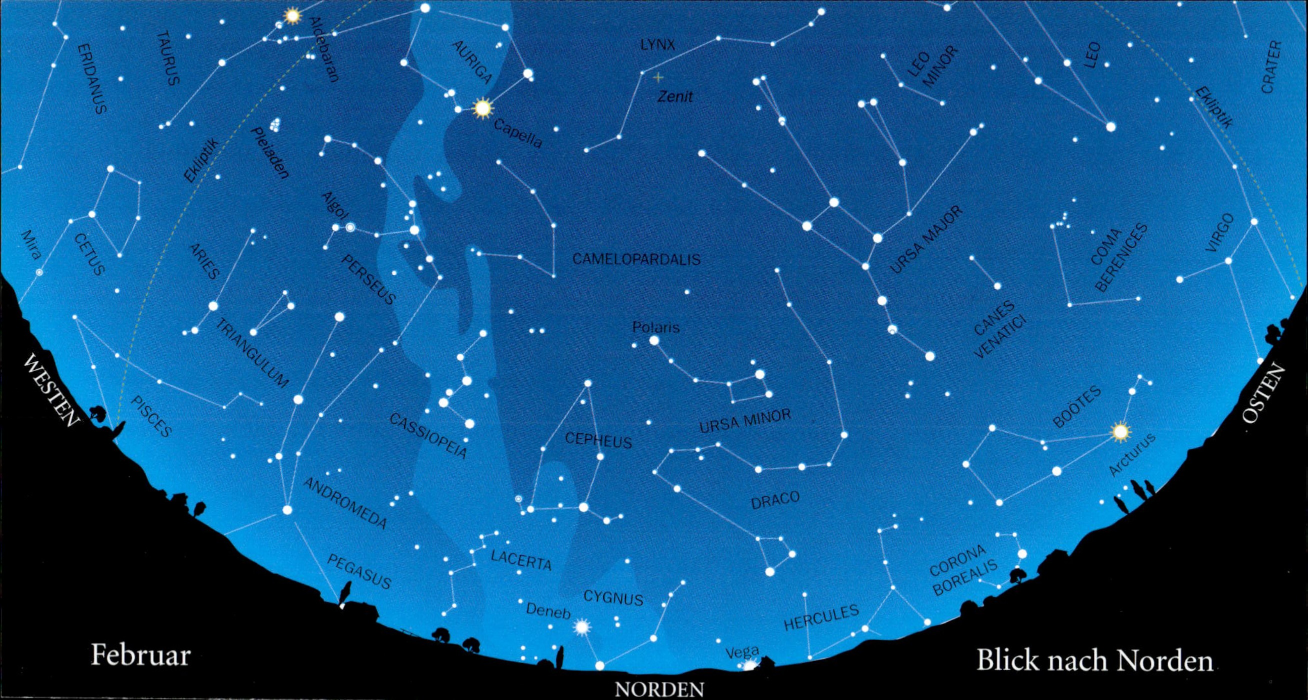
Februar
Blick nach Norden
WESTEN
NORDEN
OSTEN
Zenit
Polaris
Capella
Aldebaran
Pleiaden
Algol
Mira
Deneb
Vega
Arcturus
Ekliptik
Ekliptik
ERIDANUS
TAURUS
CETUS
ARIES
PISCES
TRIANGULUM
PERSEUS
AURIGA
LYNX
CAMELOPARDALIS
CASSIOPEIA
ANDROMEDA
PEGASUS
LACERTA
CEPHEUS
CYGNUS
URSA MINOR
DRACO
HERCULES
CORONA BOREALIS
BOÖTES
CANES VENATICI
URSA MAJOR
LEO MINOR
LEO
COMA BERENICES
VIRGO
CRATER

Februar-Karten können zu folgenden Tagen und Zeiten benutzt werden:

1. Feb. 23:00 MEZ
14. Feb. 22:00 MEZ
1. März 21:00 MEZ

Februar – Blick nach Norden

Ursa Maior findet sich nun hoch am Osthimmel, Cassiopeia tiefer zum Nordwesthorizont hin. Das unauffällige Sternbild Lynx (Luchs) steht im Zenit, Cepheus und der Kopf des Drachen im Norden, wo bei klarer Sicht bis zum Horizont hinunter Deneb gerade erkennbar ist. **Arcturus** im **Bootes** (S. 51) findet sich etwa auf der gleichen Höhe im Nordosten, steigt aber während der Nacht höher. Auriga steht hoch im Westen, wo auch Perseus und Taurus klar zu erkennen sind. Der größte Teil der Andromeda ist noch zu sehen, obwohl **Sirrah**, der Stern an der Ecke des großen Quadrats des Pegasus so dicht am Horizont nicht leicht auszumachen ist.

Auriga mit Capella und dem Dreieck der Zicklein (Mitte oben)

BOÖTES
Arcturus
CANES VENATICI
COMA BERENICES
URSA MAJOR
LEO MINOR
LEO
Regulus
VIRGO
Zenit
LYNX
CAMELOPARDALIS
Capella
PERSEUS
Algol
ANDROMEDA
TRIANGULUM
PEGASUS
AURIGA
Castor
Pollux
GEMINI
Pleiaden
ARIES
PISCES
Ekliptik
CANCER
Aldebaran
TAURUS
CANIS MINOR
Procyon
Betelgeuse
ORION
CETUS
Mira
OSTEN
WESTEN
SEXTANS
HYDRA
MONOCEROS
Rigel
Sirius
LEPUS
ERIDANUS
CRATER
PUPPIS
PYXIS
ANTLIA
CANIS MAJOR
COLUMBA
Februar
Blick nach Süden
SÜDEN

FEBRUAR – BLICK NACH SÜDEN

Orion (S. 41) bleibt im Südwesten deutlich sichtbar. Hoch im Meridian steht das Tierkreiszeichen **Gemini** (Zwillinge). Ein Linie vom nördlichen Orion-Gürtelstern (**Mintaka**) durch Beteigeuze führt zu **Castor** (α Geminorum), der etwas hellere **Pollux** (β Gem) befindet sich südlich davon. Der Hauptteil des Sternbildes besteht aus zwei Reihen von Sternen, die zurück zum Orion verlaufen und mit Castor und Pollux ein längliches Viereck bilden.

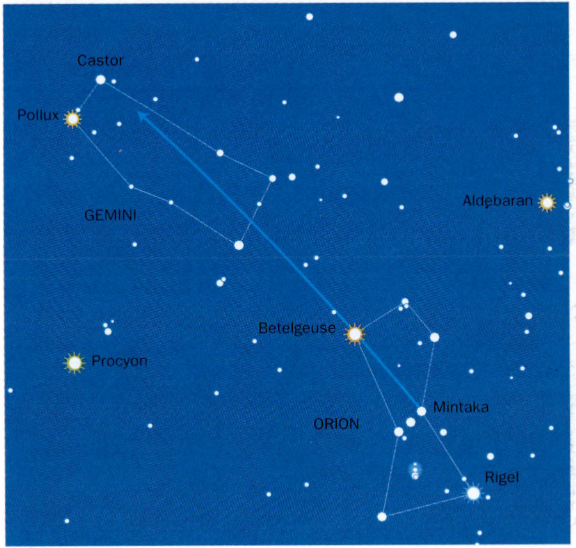

FEBRUAR

Wenn man die Gürtellinie des Orion nach Süden verfolgt, zielt sie ungefähr auf **Sirius**, den hellsten Stern am Himmel, der so auffällig ist, daß man ihn leicht erkennt. Er liegt im Sternbild des **Canis Maior** (Großer Hund). Von ihm aus verläuft eine Kette von Sternen weiter nach Südosten hinunter. Zwei ziemlich helle Sterne liegen südwestlich dieser Linie.

FEBRUAR

Weiter oben auf die Zwillinge zu steht ein einzelner heller Stern, **Prokyon**, der ein gleichseitiges Dreieck mit Beteigeuze und Sirius bildet. Er liegt im **Canis Minor** (Kleiner Hund), einem unauffälligen Sternbild, das im wesentlichen aus Prokyon (α Canis Minoris) und einem weiteren Stern nordwestlich von ihm besteht. Zwischen Canis Maior und Canis Minor findet sich das sehr schwache Sternbild **Monoceros** (Einhorn).

Lepus (Hase), ein anderes schwaches Sternbild, liegt unterhalb des Orion. Seine Hauptsterne bilden eine dreiarmige Figur, ziemlich ähnlich einer Miniaturausgabe des Perseus (S. 108).

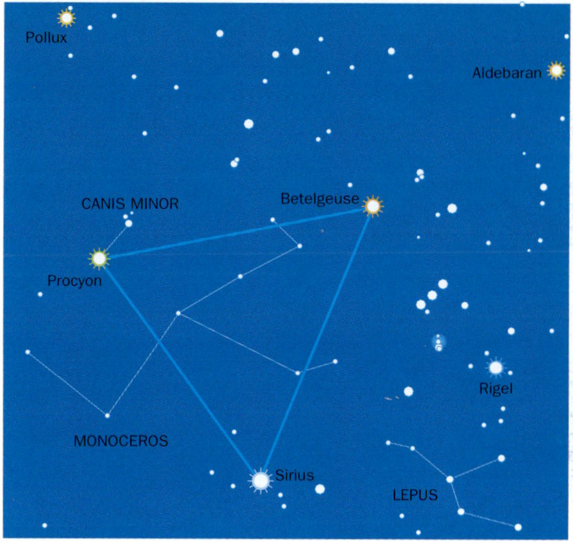

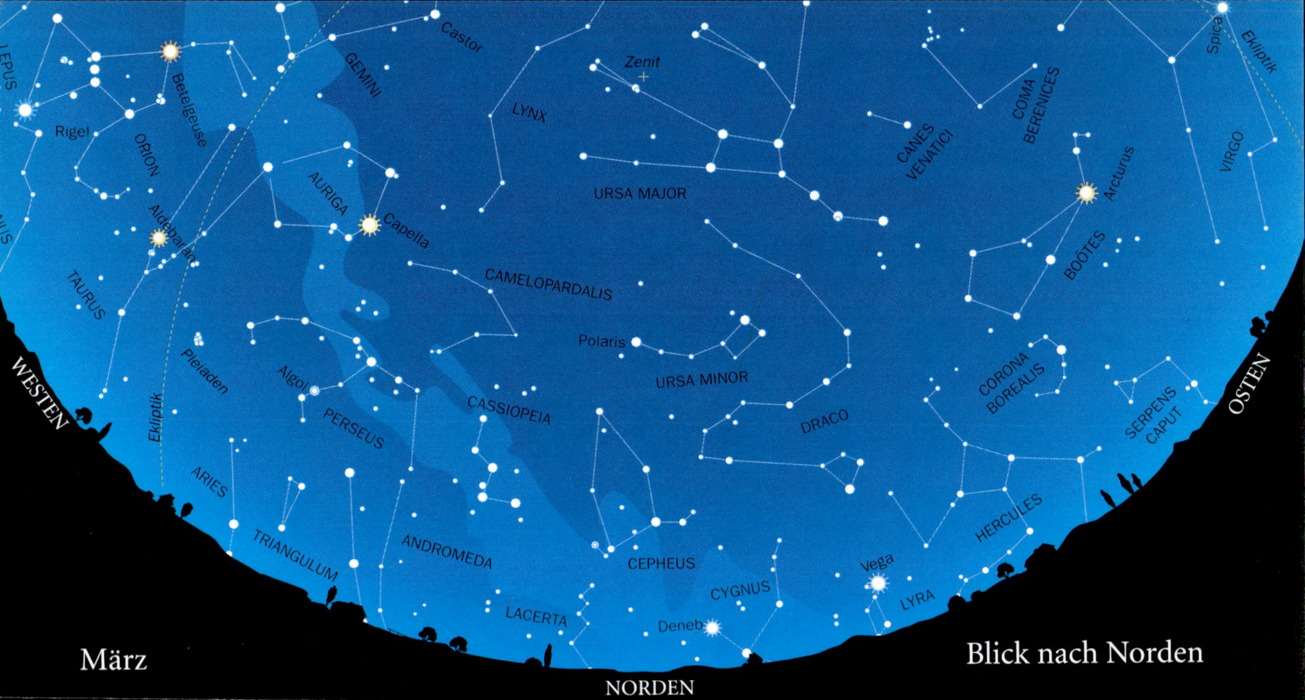
LEPUS
Rigel
ORION
Betelgeuse
Aldebaran
TAURUS
Pleiaden
Ekliptik
WESTEN
ARIES
TRIANGULUM
Castor
GEMINI
AURIGA
Capella
Algol
PERSEUS
ANDROMEDA
LACERTA
CASSIOPEIA
CAMELOPARDALIS
LYNX
Zenit
URSA MAJOR
Polaris
URSA MINOR
CEPHEUS
CYGNUS
Deneb
DRACO
CANES VENATICI
COMA BERENICES
Arcturus
BOÖTES
CORONA BOREALIS
HERCULES
Vega
LYRA
SERPENS CAPUT
VIRGO
Spica
Ekliptik
OSTEN
NORDEN
März
Blick nach Norden

März-Karten können zu folgenden Tagen und Zeiten benutzt werden:

1. März 23:00 MEZ
15. März 22:00 MEZ
1. April 21:00 MEZ (22:00 MESZ)

März – Blick nach Norden

Zwischen Norden und Nordosten taucht Wega in der Lyra (S. 222) gerade über dem Horizont auf. Obwohl **Wega** theoretisch zirkumpolar und hell ist, verliert sie sich oft (wie Deneb im Cygnus) im Dunst oder Nebel des Nordhorizonts. Ursa Maior steht nun hoch über uns. Wenn wir den Bogen der Wagen-Deichsel weiterspannen, gelangen wir zum hell-gelblich scheinenden **Arcturus** ziemlich hoch im Osten. Er ist der vierthellste Stern am gesamten Himmel und liegt am unteren Ende des Sternbildes **Bootes** (Bärenhüter), dessen Gestalt Ähnlichkeiten mit einem Drachen, einer Eiswaffel oder dem Buchstaben »P« hat.

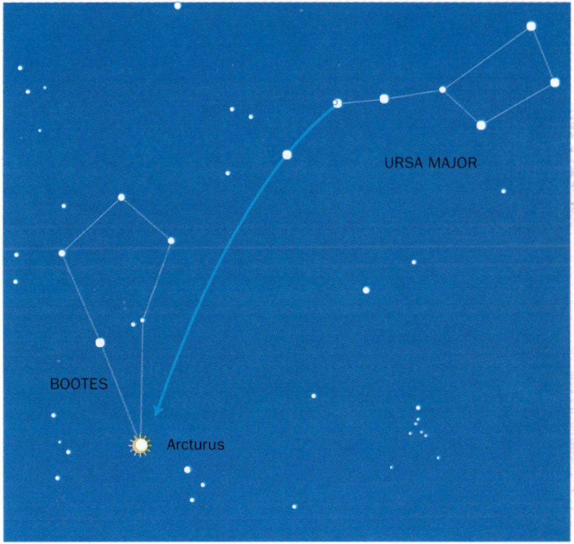

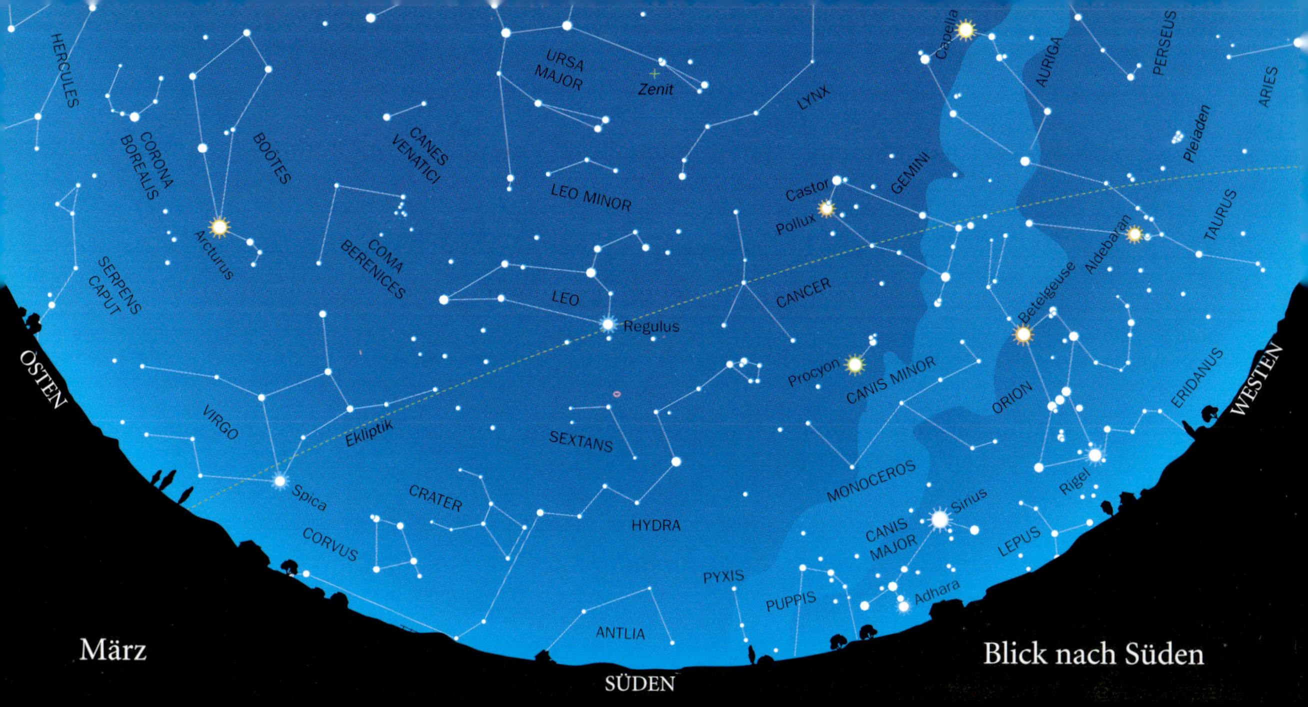
März
Blick nach Süden
ÖSTEN
SÜDEN
WESTEN
HERCULES
CORONA BOREALIS
BOÖTES
Arcturus
SERPENS CAPUT
CANES VENATICI
COMA BERENICES
URSA MAJOR
Zenit
LEO MINOR
LEO
Regulus
LYNX
GEMINI
Castor
Pollux
Capella
AURIGA
PERSEUS
ARIES
Pleiaden
TAURUS
Aldebaran
Betelgeuse
CANCER
Procyon
CANIS MINOR
ORION
ERIDANUS
Rigel
LEPUS
Sirius
CANIS MAJOR
Adhara
MONOCEROS
PUPPIS
PYXIS
ANTLIA
HYDRA
SEXTANS
CRATER
CORVUS
VIRGO
Spica
Ekliptik

März – Blick nach Süden

Orion geht nun am Westhimmel unter; Rigel ist bereits nahe am Horizont, aber der größte Teil des Orion ist noch sichtbar. Sirius steht etwa auf gleicher Höhe, ist aber wegen seiner Helligkeit noch leicht zu finden. Etwas westlich des Meridian steht das Tierkreisbild des **Cancer** (Krebs). Obwohl schon im Altertum bekannt, ist dieses schwache Sternbild nicht leicht aufzufinden. Wenn man sich ein gleichseitiges Dreieck mit Castor (Gemini) und Prokyon (Canis Minor) als die zwei westlichen Ecken vorstellt, liegt die dritte, östliche Ecke nahe der Mitte des Krebses. Drei »Beine« erstrecken sich nach Norden, Südwesten und Süden.

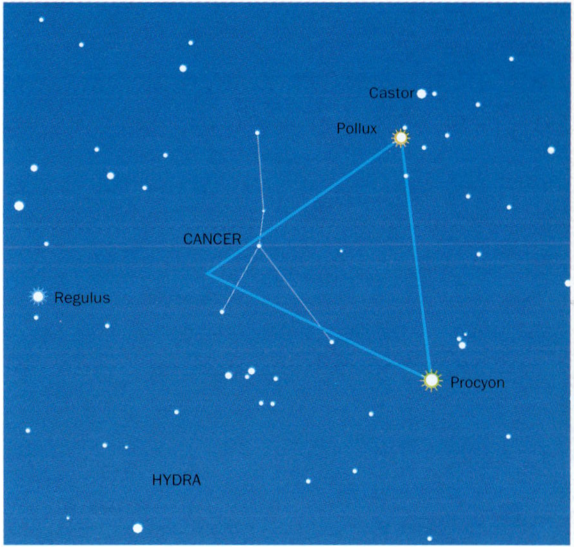

März

Unter dem Cancer und etwas südlich der Verbindungslinie zwischen Prokyon und Regulus (S. 59) liegt eine sehr auffallende kleine Gruppe von sechs Sternen. Dies ist der Kopf der **Hydra**, ein langes, sich nach Osten windendes Sternbild. Es ist so lang, daß es noch geschlagene drei Monate dauert, bis sein Schwanz zu gleicher Nachtzeit den Meridian erreicht. Sein hellster Stern, **Alpharad** (α Hya), steht derzeit genau im Süden.

Das Sternbild Leo mit Regulus und der Sichel

Das schwache Sternbild des Cancer mit der Praesepe (Mitte)

April
Blick nach Norden
WESTEN
NORDEN
OSTEN
MONOCEROS
CANIS MINOR
Procyon
CANCER
Pollux
Castor
GEMINI
LEO MINOR
Zenit
CANES VENATICI
BOÖTES
LIBRA
URSA MAJOR
CORONA BOREALIS
SERPENS CAPUT
OPHIUCHUS
LYNX
URSA MINOR
Polaris
Betelgeuse
ORION
Ekliptik
AURIGA
Capella
CAMELOPARDALIS
DRACO
HERCULES
Vega
LYRA
Aldebaran
TAURUS
CASSIOPEIA
CEPHEUS
Pleiaden
Algol
PERSEUS
Deneb
CYGNUS
VUL
TRI
ANDROMEDA
LACERTA

APRIL-KARTEN KÖNNEN ZU FOLGENDEN TAGEN UND ZEITEN BENUTZT WERDEN:

1. April 0:00 MESZ
15. April 23:00 MESZ
1. Mai 22:00 MESZ

April – Blick nach Norden

Ursa Maior steht nun genau über uns im Zenit, der unbequemsten Beobachtungsposition. Wega und die anderen Sterne der Leier finden wir höher im Nordosten. Deneb und einige weitere Sterne des **Cygnus** steigen jetzt auch ins Blickfeld, aber in der ersten Nachthälfte bleibt das Sternbild zu niedrig für Beobachtungen. Arcturus im Bootes steht sehr auffällig am südöstlichen Himmel, wo **Hercules** (S. 67) nun leicht zu erkennen ist. Perseus geht im Nordwesten unter, und Aldebaran im Stier berührt den Horizont, d. h. er ist normalerweise zu dieser Zeit nicht mehr sichtbar.

Hercules (die vier Sterne in der Mitte bilden das charakteristische Erkennungsmerkmal)

April

Blick nach Süden

April – Blick nach Süden

Das auffällige Tierkreiszeichen **Leo** (Löwe) steht hoch im Süden etwas westlich des Meridian. Es ist eigentlich nicht zu übersehen, falls es aber einmal ungünstiger steht, führt uns die Verbindungslinie der »Pointer« des Wagens – diesmal in die andere Richtung verlängert – zu ihm. Diese Linie bringt uns nahe zu **Regulus**, dem hellsten Stern des Leo. Oberhalb von Regulus befindet sich der nach Westen geöffnete Bogen der Sichel (der Kopf des Löwen). Der zweithellste Stern des Leo, **Denebola** (am Schwanzende), steht zu dieser Zeit dicht am Meridian.

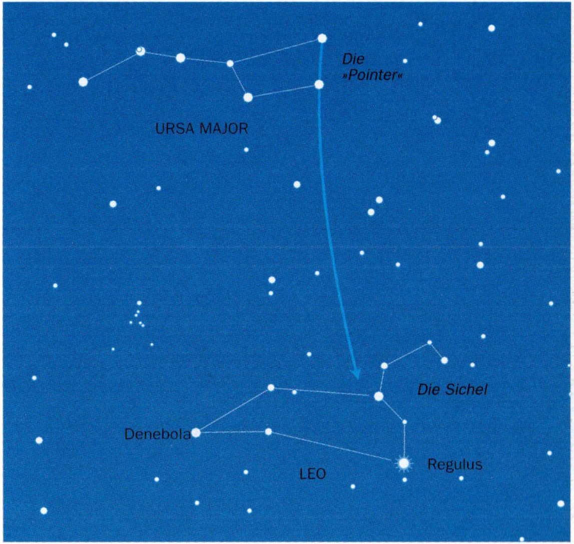

METEORE

19.–25. April
(Höhepunkt 22. April):

Lyriden-Meteorstrom,
nicht sehr ausgeprägt.

Maximale Zahl:
10–15 pro Stunde.

April

Zwischen Leo und Bootes liegt **Coma Berenices** (das Haar der Berenice), ein kleines, unauffälliges Sternbild, das im wesentlichen aus drei im rechten Winkel angeordneten Sternen gebildet wird. Der südlichste steht etwa auf einer Linie zwischen Denebola und Arcturus. Oberhalb der Coma Berenices steht das kleine Sternbild der **Canes Venatici** (Jagdhunde), das letztlich aus zwei Sternen besteht, die unterhalb des Deichselbogens des Großen Wagens liegen.

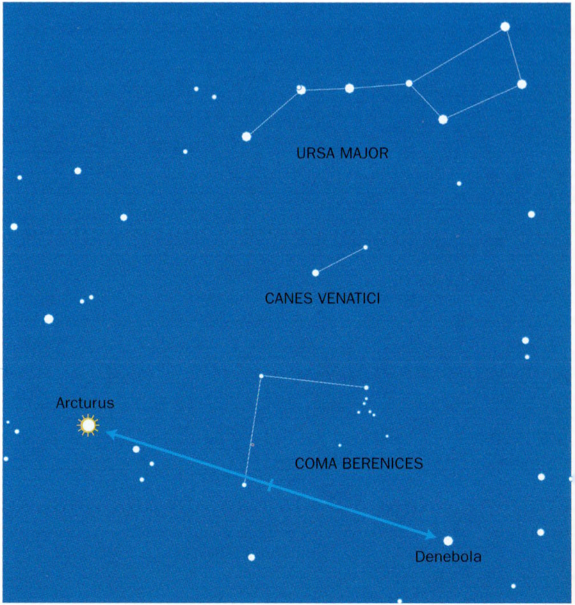

APRIL

Der größte Teil der Hydra ist nun sichtbar, auch wenn der südlichste Teil zu nah am Horizont bleibt, um leicht erkannt zu werden. Diese Zeit ist günstig, um die beiden kleinen, klar abgegrenzten Sternbilder des **Crater** (Becher) und **Corvus** (Rabe) zu beobachten (letztere bilden ein unregelmäßiges Viereck). Beide finden sich südlich von Denebola, und Corvus steht nicht weit von **Spica** entfernt, dem hellsten Stern in der **Virgo**, die für den nächsten Monat beschrieben wird.

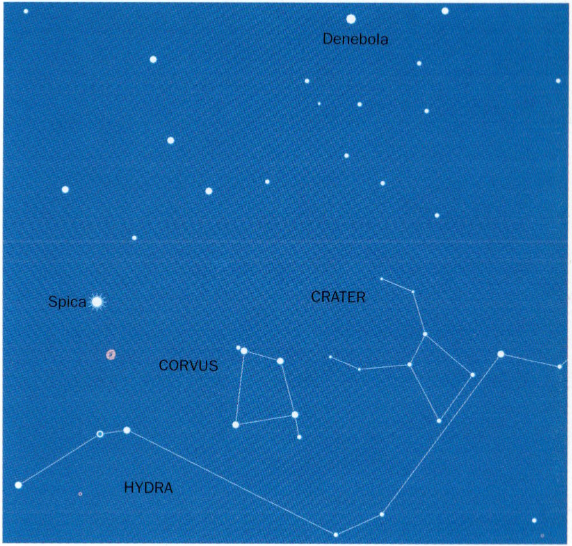

Mai

Blick nach Norden

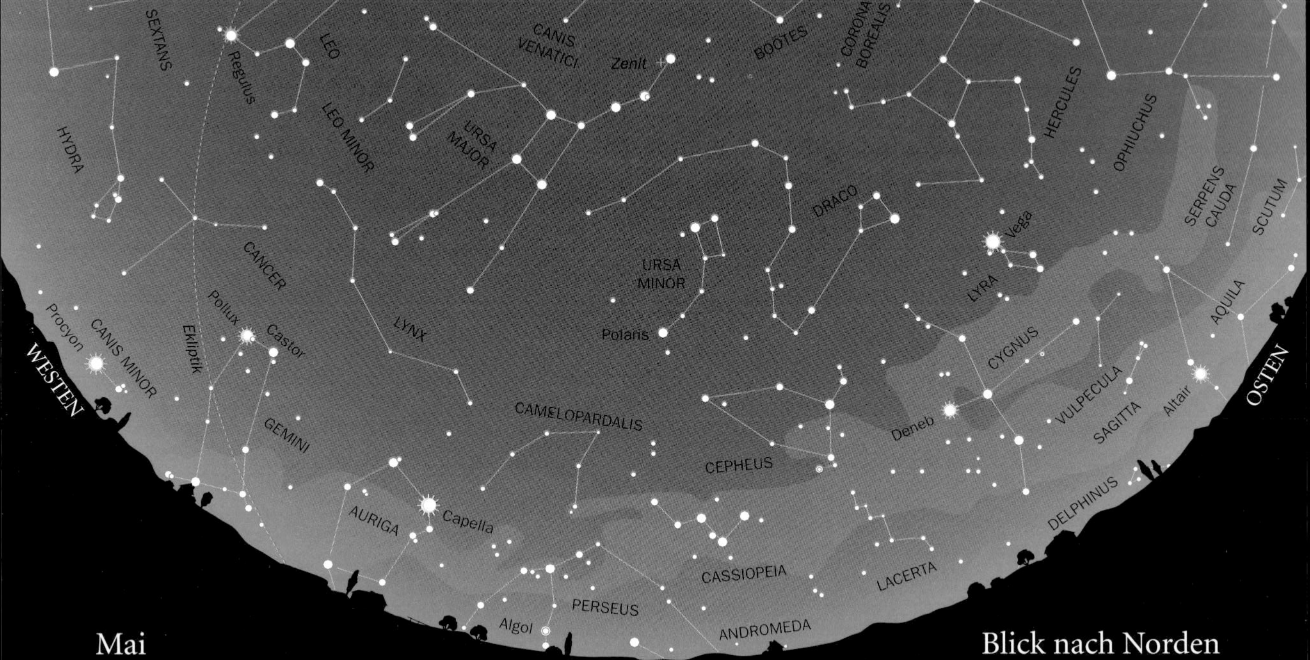

Mai-Karten können zu folgenden Tagen und Zeiten benutzt werden:
1. Mai 00:00 MESZ
15. Mai 23:00 MESZ
1. Juni 22:00 MESZ

Mai – Blick nach Norden

Cassiopeia sinkt nun tiefer am nördlichen Horizont. Ursa Maior steht senkrecht im Westen mit seinem Deichselende (η UMa, **Alkaid**) genau im Zenit. Der größte Teil des Perseus ist im nördlichen Dämmerlicht verschwunden, aber die strahlende Capella ist noch gut zu sehen, ebenso wie Castor und Pollux in den Gemini weiter westlich. Am Osthimmel ist nun Wega und die ganze Lyra gut zu erkennen, wie auch der größte Teil des Cygnus. Vielleicht können Sie auch **Atair** im **Aquila** (S. 77) schimmern sehen, der bis Mitternacht hoch genug über dem Osthorizont sein wird, um leicht erkannt zu werden.

Das große Kreuz des Cygnus mit Deneb (links) und Albireo (rechts)

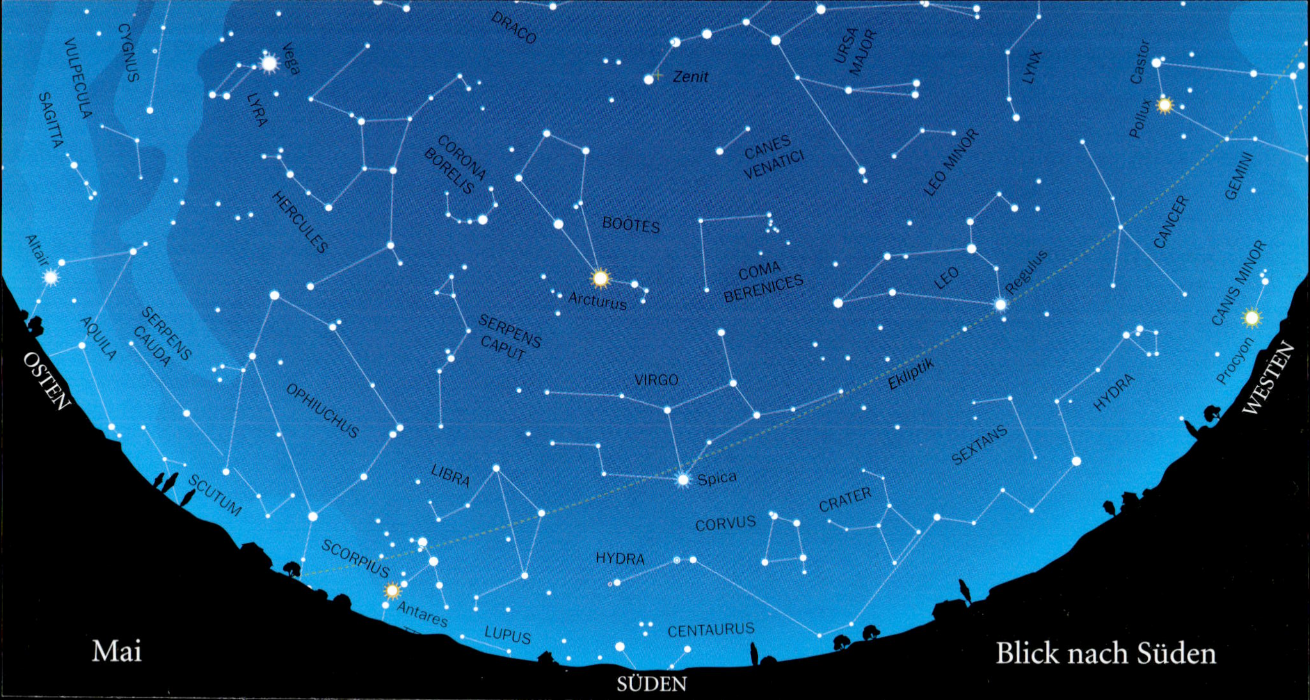

Mai

Blick nach Süden

Mai – Blick nach Süden

Arktur im Bootes steht fast im Meridian. Wenn man den Bogen der Deichsel von Ursa Maior durch Arktur und weiter südwärts verlängert, gelangt man zu einem hellen, bläulich-weißen Stern etwas westlich vom Meridian. Dies ist **Spica**, der hellste Stern in der **Virgo** (Jungfrau), die zur Beobachtung nun günstig steht. Obwohl sie das größte Tierkreiszeichen ist, hat Virgo keine sehr einprägsame Gestalt; Spica und vier weitere Sterne bilden einen vierseitigen »Körper« mit »Armen« und »Beinen« an jeder Ecke.

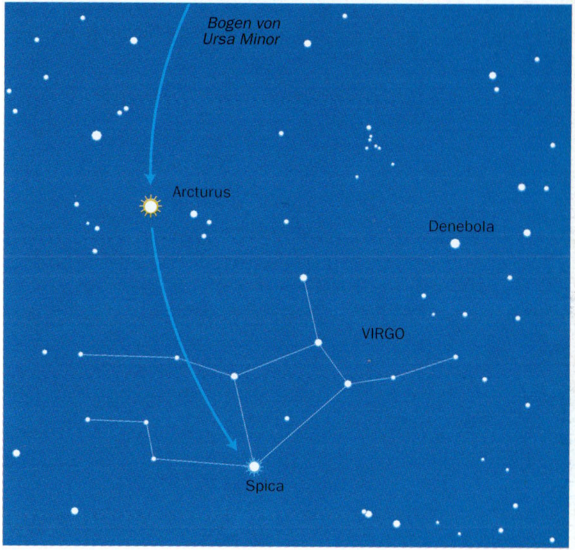

METEORE

24. April–20. Mai (Höhepunkt 5. Mai):

Aquariden: Ein schöner Schauer, allerdings von nördlichen Breiten aus nicht gut zu sehen.

Maximale Zahl: 35 pro Stunde.

Mai

Ein Linie zwischen Arktur und Wega führt duch zwei unterschiedliche Sternbilder. Leicht östlich von Bootes und etwa auf derselben Höhe über dem Horizont wie Arktur finden wir einen schön zu sehenden Kreisbogen von Sternen, von denen einer heller als die anderen ist. Sie bilden das kleine Sternbild der **Corona Borealis** (nördliche Krone).

Mai

Zwischen Corona Borealis und Wega steht eine Gruppe aus vier Sternen in der Form eines Trapezes. Diese Gruppe ist als »Schlußstein« bekannt und bildet den Körper des Sternbildes **Hercules**, mit den »Armen« und »Beinen« an jeder seiner vier Ecken. Wegen der Präzession (S. 25) erscheint Hercules heutzutage »auf dem Kopf stehend« mit den Beinen nach Norden.

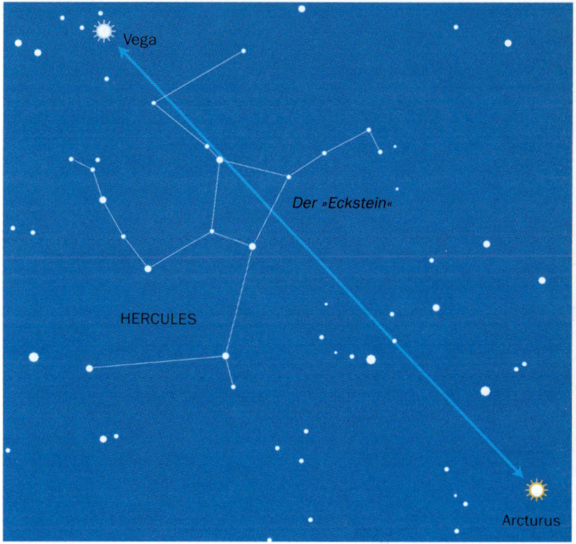

Juni

Blick nach Norden

Juni-Karten können zu folgenden Tagen und Zeiten benutzt werden:

1. Juni 00:00 MESZ
15. Juni 23:00 MESZ
1. Juli 22:00 MESZ

Juni – Blick nach Norden

Wir sind nun in der Zeit um die Sommer-Sonnenwende angelangt, bei der die Dämmerung die ganze Nacht über andauert und der Himmel nie völlig dunkel wird. Einige Sternbilder (vor allem horizontnahe) mögen schwierig zu erkennen sein, speziell bei hellem Mondlicht.

Ursa Maior steht nun schön im Nordwesten, und darunter sinkt Leo zum Horizont hin. Draco schlängelt sich über den Himmel zwischen Polaris und dem Zenit. Capella steht sehr tief im nördlichen Dämmerlicht. Das leuchtende **Sommerdreieck** (S. 77) aus Wega, Atair und Deneb erscheint sehr auffällig, hoch über dem Osthorizont.

Das Sommerdreieck: Wega (oben), Deneb (links) und Atair (unten rechts)

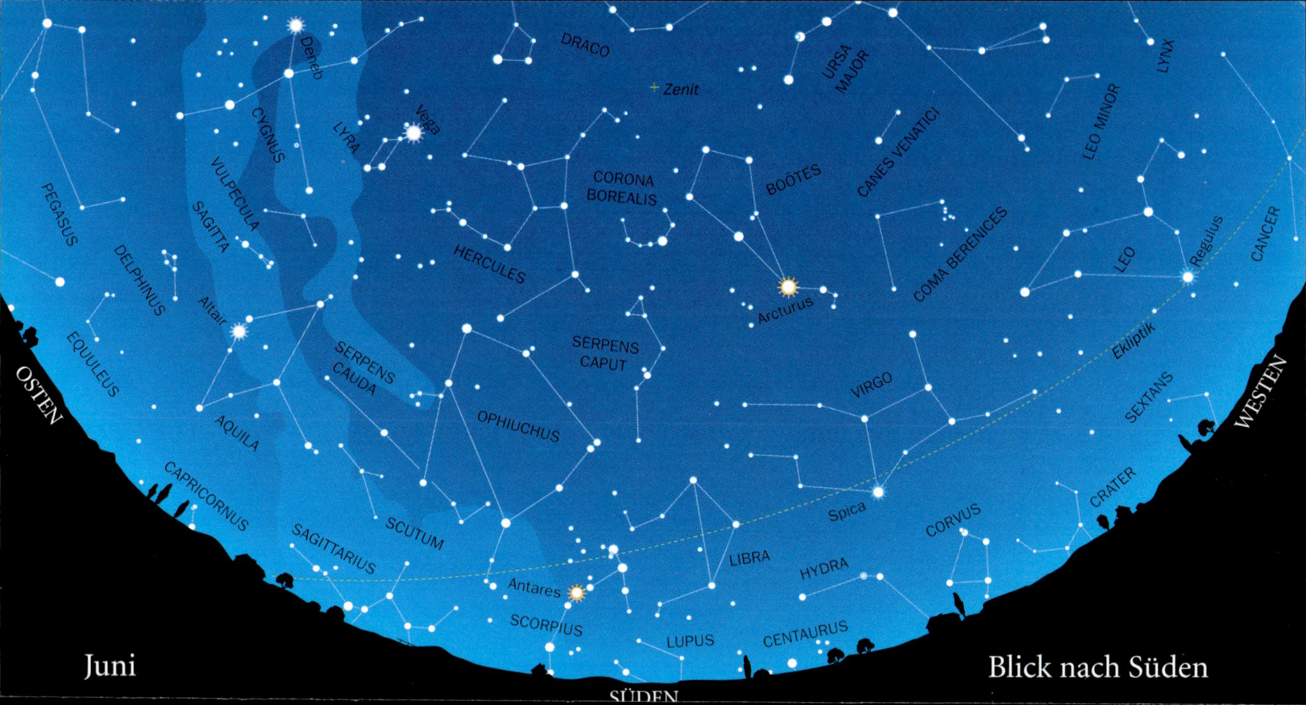
DRACO
Zenit
URSA MAJOR
LYNX
LEO MINOR
Deneb
CYGNUS
Vega
LYRA
CORONA BOREALIS
BOÖTES
CANES VENATICI
PEGASUS
VULPECULA
SAGITTA
DELPHINUS
HERCULES
COMA BERENICES
LEO
Regulus
CANCER
Altair
Arcturus
EQUULEUS
SERPENS CAUDA
SERPENS CAPUT
Ekliptik
VIRGO
SEXTANS
OSTEN
AQUILA
OPHIUCHUS
WESTEN
CAPRICORNUS
SCUTUM
Spica
CORVUS
CRATER
SAGITTARIUS
LIBRA
HYDRA
Antares
SCORPIUS
LUPUS
CENTAURUS
Juni
Blick nach Süden
SÜDEN

Juni – Blick nach Süden

Im Süden steht das Tierkreiszeichen der **Libra** (Waage) etwas westlich des Meridians. Dieses Bild findet man am besten, indem man von Spica ostwärts schwenkt. Mit etwas Vorstellungskraft erkennt man den dreieckigen Balken einer altmodischen Waage, die auf der Seite liegt, mit zwei daran hängenden Waagschalen. Obwohl es ein sehr altes Sternbild ist, bildete es einst die »Scheren« des Scorpius (Skorpion), des nächsten Tierkreisbildes weiter östlich.

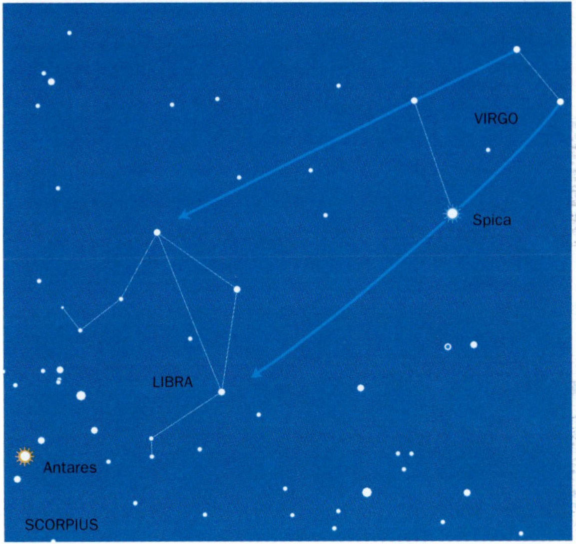

JUNI

Ein Teil des südöstlichen »Arms« des Hercules zeigt hinunter zu **Rasalhague** im großen Sternbild des **Ophiuchus** (Schlangenträger). Ähnlich dem Cepheus (S. 34) erinnert es etwas an die Giebelseite eines Hauses, außer daß hier das Haus größer und der Giebel kleiner ist und mitten in der Grundlinie ein weiterer Stern steht. Der südlichste Teil des Ophiuchus erstreckt sich weit über die Ekliptik hinaus. Die Sonne und die Planeten verbringen hier mehr Zeit als im benachbarten Scorpius (S. 78).

Zwischen Ophiuchus und Bootes liegt die Kette der Sterne von **Serpens Caput** (der Kopf der Schlange). Dies ist das einzige Sternbild, das aus zwei Teilen besteht: Der zweite Teil (**Serpens Cauda**) befindet sich auf der Ostseite des Ophiuchus.

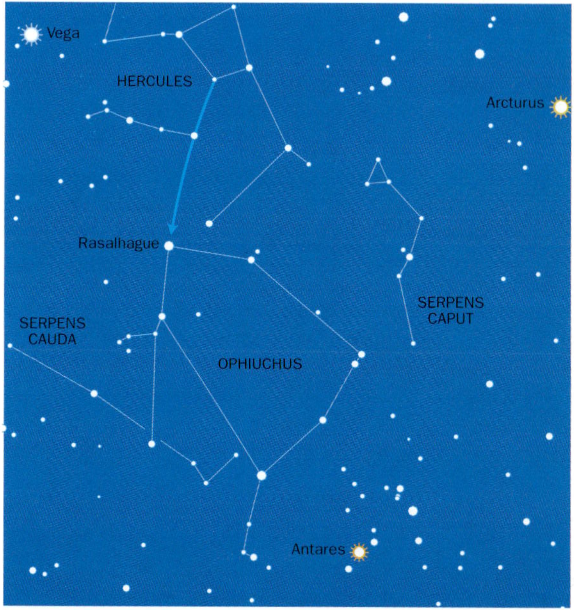

Die hellen Sterne Zubenelschamali und Zubenelgenubi in der Libra (S. 218)

Das Sternbild der Virgo (S. 250) mit Spica rechts von der Mitte

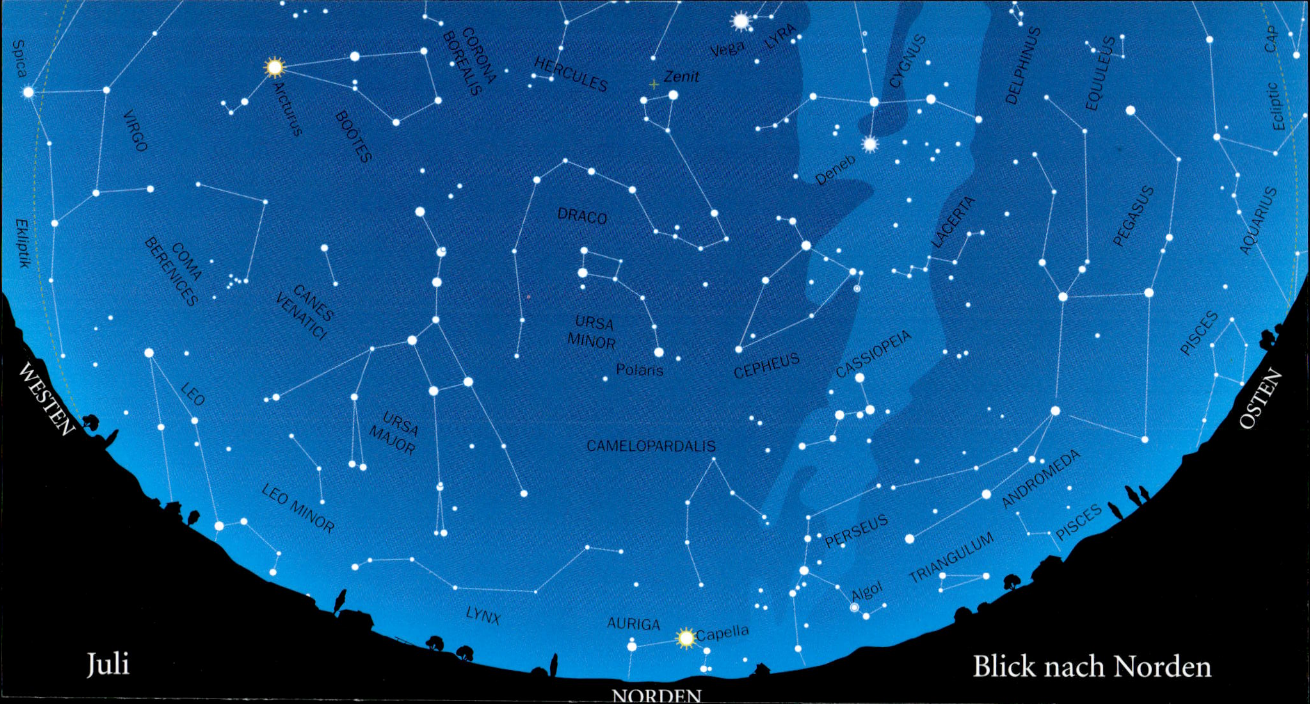
Spica
Arcturus
Vega
LYRA
Zenit
HERCULES
CORONA BOREALIS
BOÖTES
VIRGO
Ekliptik
COMA BERENICES
CANES VENATICI
DRACO
URSA MINOR
Polaris
CYGNUS
Deneb
DELPHINUS
EQUULEUS
Ecliptic
CAP
AQUARIUS
PEGASUS
LACERTA
CEPHEUS
CASSIOPEIA
PISCES
URSA MAJOR
LEO
LEO MINOR
CAMELOPARDALIS
PERSEUS
ANDROMEDA
TRIANGULUM
PISCES
Algol
LYNX
AURIGA
Capella
WESTEN
OSTEN
NORDEN
Juli
Blick nach Norden

JULI-KARTEN KÖNNEN ZU FOLGENDEN TAGEN UND ZEITEN BENUTZT WERDEN:
1. Juli 00:00 MESZ
15. Juli 23:00 MESZ
1. Aug. 22:00 MESZ

JULI – BLICK NACH NORDEN

Cassiopeia hebt sich im Nordosten gut hervor, und noch etwas östlicher geht das große Quadrat des **Pegasus** (S. 95) auf. Die drei Sterne des Sommerdreiecks, **Wega**, **Deneb** und **Atair**, sind so auffällig, daß sie den Himmel für etliche Monate dominieren und uns sehr vertraut werden, ähnlich wie Orion im Winter. Wega, der hellste der drei, steht fast im Zenit, nordwestlich von einem winzigen Parallelogramm von Sternen. Miteinander bilden sie das Sternbild **Lyra** (Leier).

Östlich davon finden wir Deneb, den hellsten Stern im **Cygnus** (Schwan). Zwei Reihen von Sternen ergeben ein großes Kreuz, das einem Schwan mit langem Hals und ausgebreiteten Flügeln ähnelt, der entlang des Bandes der **Milchstraße** nach Süden fliegt.

Das »W« der Cassiopeia findet sich in einem mit Sternen übersäten Feld der Milchstraße

Juli

Blick nach Süden

Juli – Blick nach Süden

Ein ganz dunkler Himmel ist nötig, um die **Milchstraße** in all ihrer Schönheit zu sehen. Unter guten Bedingungen sieht man im Cygnus einen dunklen Streifen durch ihre Mitte verlaufen. **Atair**, der südlichste Stern im Sommerdreieck, liegt im **Aquila** (Adler) am unteren Ende des Dunkelstreifens. Anders als der kreuzförmige Cygnus bilden »Flügel« und »Körper« des Aquila eine diamantförmige Figur, deren »Hals« die Milchstraße hinunterweist.

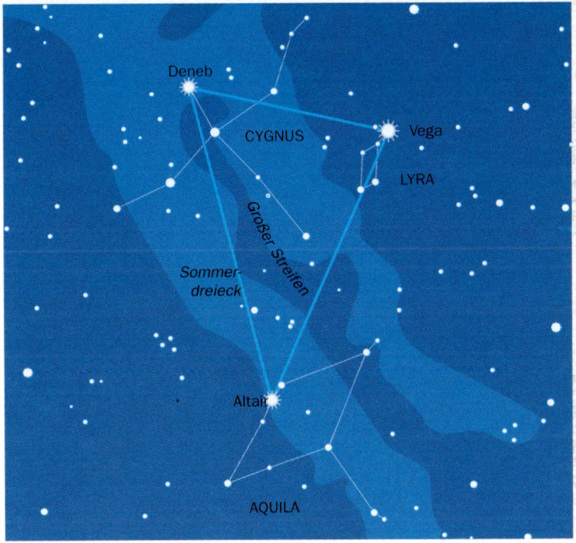

METEORE

15. Juli – 20. Aug.
(Höhepunkt: 28. Juli):

Aquariden:
Zweifacher Radiant, südl. Komponente aktiver als die nördliche. Meteore schwach.

Maximale Zahl:
20 bzw. 10 pro Stunde.

Juli

Tief am Südhorizont steht der helle rote Stern **Antares** im Tierkreiszeichen **Scorpius** (Skorpion). Seine Farbe bildet einen scharfen Kontrast zum gelblichen Arktur (noch hoch im Westen) und den blau-weißen bzw. weißen Sternen des Sommerdreiecks im Südosten. Drei mäßig helle Sterne liegen in der von Norden nach Süden führenden Linie zwischen Antares und der Libra. Um den gekrümmten Schwanz des Skorpions südlich von Antares zu sehen, der im kleinen Dreieck des »Stachels« endet, muß man sich allerdings in südlicheren Breiten befinden.

Scorpius, um 45° gedreht gegenüber der Karte oben

Die »Teekanne« des Sagittarius (S. 83) befindet sich unter und rechts von der Bildmitte

August

Blick nach Norden

August-Karten können zu folgenden Tagen und Zeiten benutzt werden:
1. Aug. 00:00 MESZ
15. Aug. 23:00 MESZ
1. Sept. 22:00 MESZ

August – Blick nach Norden

Bootes steht senkrecht im Westen, die Sternbilder **Corona Borealis** (S. 66) und **Hercules** (S. 67) sind günstig zu beobachten. Arktur sinkt langsam zum Horizont und wird bald nur noch schwer zu sehen sein. Ursa Maior erstreckt sich über den Nordwesthimmel, während im Nordosten Capella im Fuhrmann und das Sternbild Perseus höher steigen. Ein bißchen weiter herum Richtung Süden sind nun Andromeda (S. 168) und das große Viereck des Pegasus leicht zu erkennen, ebenso wie ein Teil des Sternbildes **Pisces** (S. 101). Das Sommerdreieck dominiert weiterhin den Himmel direkt über uns mit Deneb und Wega nahe dem Zenit.

Andromeda verläuft diagonal über das Bild

August
Blick nach Süden
OSTEN
SÜDEN
WESTEN
ARIES
TRIANGULUM
ANDROMEDA
LACERTA
CEPHEUS
Zenit
Deneb
CYGNUS
Vega
DRACO
BOÖTES
COMA BERENICES
CORONA BOREALIS
Arcturus
LYRA
HERCULES
VULPECULA
SAGITTA
PISCES
PEGASUS
DELPHINUS
Altair
SERPENS CAUDA
SERPENS CAPUT
Ekliptik
EQUULEUS
AQUILA
OPHIUCHUS
VIRGO
CETUS
AQUARIUS
SCUTUM
CAPRICORNUS
SAGITTARIUS
LIBRA
PISCIS AUSTRINUS
Antares
SCORPIUS
CORONA AUST.

AUGUST – BLICK NACH SÜDEN

Im Südwesten liegen Ophiuchus und die zwei Teile der Serpens deutlich vor uns. Der östliche »Arm« des Ophiuchus zeigt hinab zum Tierkreissternbild des **Sagittarius** (Schütze), das sehr nahe am Horizont steht und besser im Juli bis Anfang August zu sehen ist. Keiner seiner Sterne ist besonders hell, aber einige davon bilden eine auffällige Figur bekannt als »Teekanne«, die man, wenn man sie einmal gesehen hat, nie mehr vergißt.

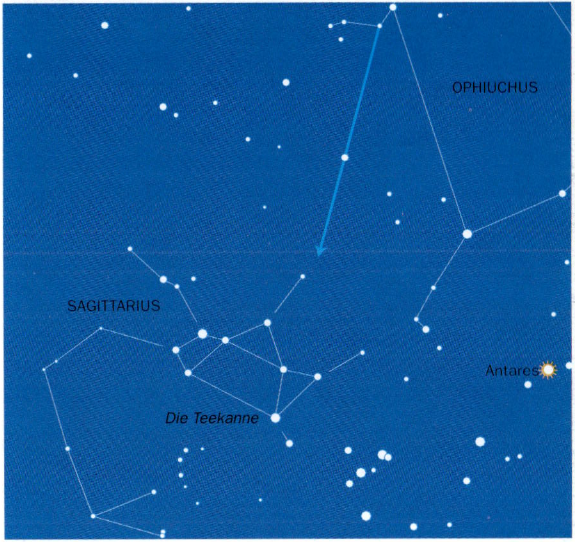

METEORE

23. Juli–20. Aug. (Höhepunkt: 12./13. Aug.):

Perseiden: einer der deutlichsten Meteorströme. Viele Perseiden sind hell und ziehen »Lichtspuren«.

Maximale Zahl: ca. 80 pro Stunde.

AUGUST

Es gibt etliche kleine Sternbilder im gezeigten Himmelsausschnitt, von denen aber einige schwer zu erkennen sind, weil ihre Sterne nicht besonders hell leuchten und deshalb in der Menge der Sterne untergehen, die die Milchstraße ausmachen. Zwischen den Sternbildern Serpens Cauda, Sagittarius und Aquila liegt das **Scutum** (der Schild) mit nur vier mäßig hellen Sternen, das man vielleicht am leichtesten vom südlichsten Aquila-Stern aus findet.

AUGUST

Weiter nördlich zwischen Atair und dem hellen **Albireo** am Kopf des Cygnus findet sich das kleine Sternbild **Sagitta** (Pfeil) in der Milchstraße, das im wesentlichen aus vier Sternen besteht, die in Keilform angeordet sind.

September
Blick nach Norden
WESTEN
NORDEN
OSTEN
SERPENS CAUDA
OPHIUCHUS
HERCULES
LYRA
Vega
CYGNUS
Deneb
Zenit
LACERTA
ANDROMEDA
PISCES
Mira
CETUS
TRIANGULUM
ARIES
Ekliptik
CEPHEUS
CASSIOPEIA
DRACO
SERPENS CAPUT
CORONA BOREALIS
Polaris
URSA MINOR
Algol
PERSEUS
Pleiaden
TAURUS
CAMELOPARDALIS
BOÖTES
Arcturus
CANES VENATICI
URSA MAJOR
LYNX
Capella
AURIGA
Aldebaran

SEPTEMBER-KARTEN KÖNNEN ZU FOLGENDEN TAGEN UND ZEITEN BENUTZT WERDEN:

1. Sept. 00:00 MESZ
15. Sept. 23:00 MESZ
1. Okt. 22:00 MESZ

SEPTEMBER – BLICK NACH NORDEN

Im Norden steht Ursa Maior tief über dem Horizont, der Hauptteil dieses großen Bildes ist aber gut zu sehen. Capella im Fuhrmann ist zusehends leichter zu erkennen, da sie im Nordosten höher steigt. Perseus, Triangulum und Aries sind nun ausgezeichnet zu erkennen, und die Rückkehr des schönen **Pleiaden**-Haufens (S. 42) in den Nachthimmel kündigt den Herbst an. Er wird den ganzen Winter über sichtbar bleiben und wird bald von dem großartigen Sternbild Orion begleitet, das ca. eine Stunde später über den Horizont steigt.

Aries (Mitte rechts) und die Pleiaden im Taurus

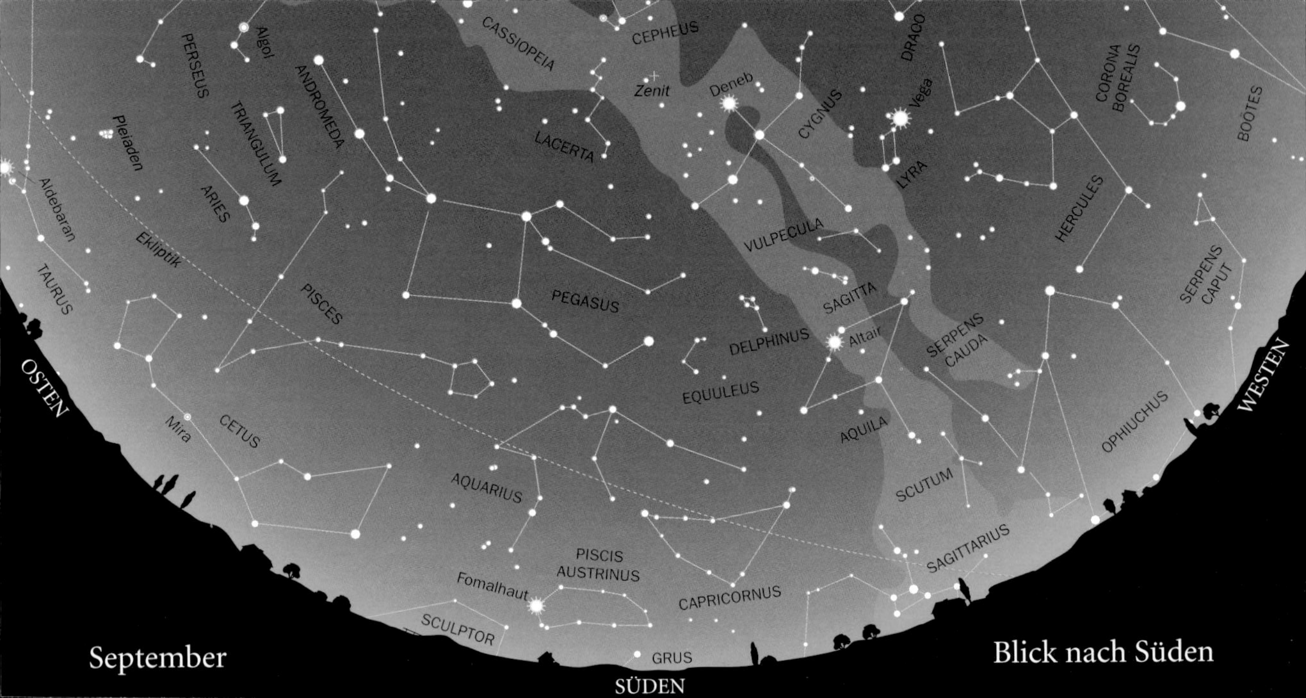
CASSIOPEIA
CEPHEUS
DRACO
CORONA BOREALIS
BOÖTES
PERSEUS
Algol
ANDROMEDA
TRIANGULUM
Pleiaden
Zenit
Deneb
CYGNUS
Vega
LACERTA
LYRA
HERCULES
ARIES
Aldebaran
Ekliptik
TAURUS
VULPECULA
SERPENS CAPUT
PISCES
PEGASUS
SAGITTA
DELPHINUS
Altair
SERPENS CAUDA
OSTEN
WESTEN
EQUULEUS
Mira
CETUS
AQUILA
OPHIUCHUS
AQUARIUS
SCUTUM
SAGITTARIUS
PISCIS AUSTRINUS
Fomalhaut
CAPRICORNUS
SCULPTOR
GRUS
SÜDEN
September
Blick nach Süden

SEPTEMBER – BLICK NACH SÜDEN

Das Tierkreissternbild nahe beim Meridian ist in diesem Monat **Capricornus** (Steinbock). Es ist vielleicht am besten aufzusuchen, indem man die Linie von Albireo (β Cygni) zu Atair um etwa dieselbe Strecke verlängert. Das führt uns zu der auffälligen Gruppe von α (eigentlich zwei Sterne) und β Cap. Capricornus selbst besteht aus einem langen, verbogenen Dreieck mit δ Cap fast genau östlich von β Cap und auf genau gleicher Höhe über dem Horizont.

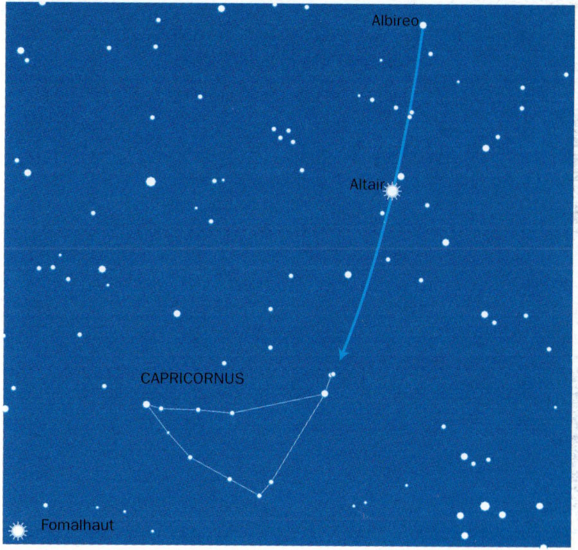

September

Wenn man einen richtig klaren Horizont im Süden und gute Bedingungen hat, sollte man **Fomalhaut** im **Piscis Austrinus** (südl. Fisch) sehen können. Wir finden sie, indem wir die Linie von Atair zu δ Cap verlängern. Sie ist der hellste Stern in diesem Teil des Himmels, während alle anderen in diesem Sternbild schwach und daher von unseren Breiten aus schwierig zu erkennen sind.

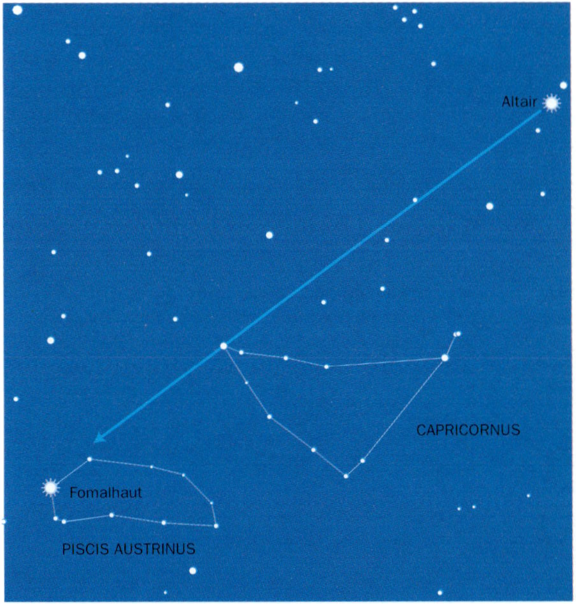

SEPTEMBER

Ein auffälliges kleines Sternbild ist **Delphinus** (Delphin) östlich von Sagitta, das im letzten Monat beschrieben wurde. Seine fünf Sterne liegen auf der Ecke eines gleichseitigen Dreiecks, dessen andere Ecken Albireo im Cygnus und Atair im Aquila bilden. Nicht weit vom Zenit und östlich von Deneb steht ein weiteres kleines Sternbild, **Lacerta** (Eidechse), eine Zickzacklinie aus Sternen. Es ist nicht leicht zu erkennen, da es in einem ziemlich überfüllten Teil der Milchstraße liegt.

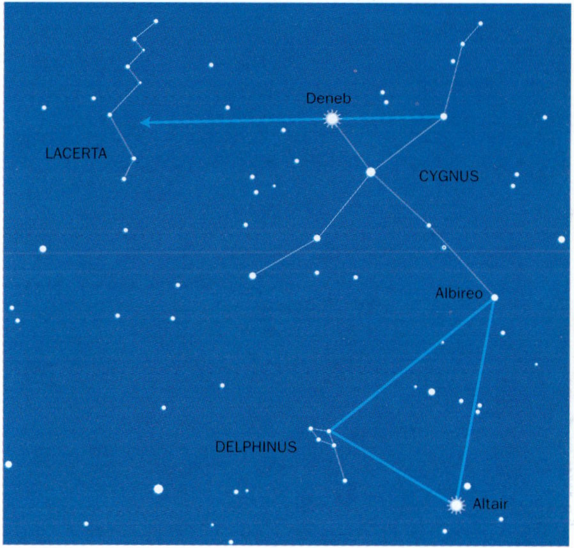

Oktober
Blick nach Norden
WESTEN
NORDEN
OSTEN
Zenit
Ekliptik
AQUILA
Altair
SAGITTA
DELPHINUS
LACERTA
ANDROMEDA
TRIANGULUM
ARIES
CETUS
ERIDANUS
TAURUS
Aldebaran
Pleiaden
PERSEUS
Algol
Deneb
CYGNUS
VULPECULA
SCUTUM
SERPENS
CAUDA
LYRA
Vega
CEPHEUS
CASSIOPEIA
CAMELOPARDALIS
Capella
AURIGA
ORION
Betelgeuse
Polaris
URSA
MINOR
DRACO
HERCULES
OPHIUCHUS
CORONA
BOREALIS
BOÖTES
URSA MAJOR
CANES VENATICI
LYNX
GEMINI
Castor
Pollux

Oktober-Karten können zu folgenden Tagen und Zeiten benutzt werden:

1. Okt. 00:00 MESZ
15. Okt. 23:00 MESZ
1. Nov. 21:00 MEZ

Oktober – Blick nach Norden

Capella und die Zicklein (S. 43) stehen nun hoch am Nordosthimmel, ebenso Aldebaran im Taurus (S. 42). Genau wie die Pleiaden und Orion werden diese Sterne sehr vertraut werden, da sie den ganzen Winter über zu sehen bleiben. Auf der anderen Seite des Himmels beginnt das Sommerdreieck nun langsam zum westlichen Horizont zu sinken. Cassiopeia, Teile des Cepheus und das kleine Sternbild der **Lacerta** stehen hoch über uns nahe dem Zenit. Das schwache Zirkumpolarsternbild Camelopardalis befindet sich zum Beobachten günstig zwischen Cassiopeia und Auriga im Nordosten.

Aldebaran, die Hyaden (Mitte links) und die Pleiaden

Oktober

Blick nach Süden

Oktober – Blick nach Süden

Im Süden steht das große Quadrat des **Pegasus** und ist im Meridian nicht zu verfehlen. Tatsächlich gehört der Stern in der Nordostecke dieses Vierecks, **Alpheratz** (oder **Sirrah**), zur **Andromeda**. Alpheratz und die drei hellsten der übrigen Sterne in diesem Sternbild bilden eine nach Nordosten verlaufende Linie. In einer klaren Nacht und ohne zu große Lichtverschmutzung können die meisten Menschen in der Andromeda einen schwachen Nebelfleck erkennen, die entfernte Andromeda-Galaxis (S. 168).

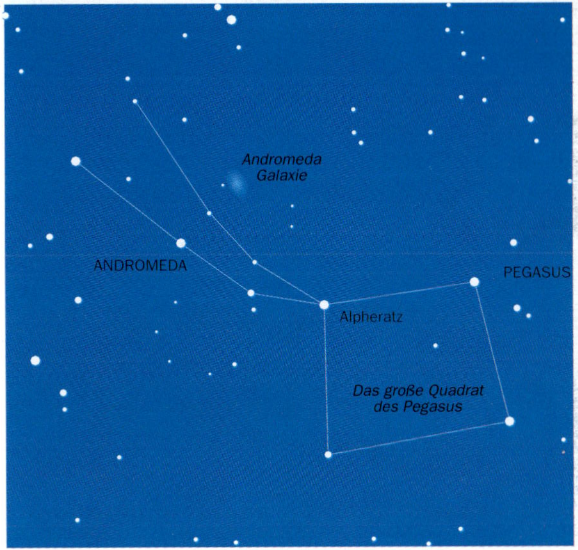

METEORE

16.–26. Okt.
(Höhepunkt: 21. Okt.):

Orioniden: Schnelle Meteore mit vielen Leuchtspuren.

Maximale Zahl:
ca. 25 pro Stunde.

Oktober

Die mythologische Figur des Pegasus hängt, genau wie Hercules (S. 67), am Himmel »auf dem Kopf«. Es ist nicht allzu schwierig, sich die Linien aus Sternen, die von dem Viereck nach Westen verlaufen, als den Hals und Kopf bzw. die beiden Vorderbeine eines geflügelten Pferdes vorzustellen.

Unter dem ausgestreckten »Kopf« des Pegasus findet sich das Tierkreiszeichen **Aquarius** (Wassermann). Eine Diagonale von Alpheratz aus durch das große Viereck hindurch weist auf den hellsten Stern darin, **Sadelmelik**. Knapp östlich von ihm steht ein auffälliges »Y« aus vier Sternen, das als der Wasserkrug des Aquarius bekannt ist.

Der hellste »Stern« ist Jupiter, hier im Capricornus (S. 90)

Aquarius mit dem »Wasserkrug« (linke obere Mitte) und der Planet Saturn

November

Blick nach Norden

NOVEMBER-KARTEN KÖNNEN ZU FOLGENDEN TAGEN UND ZEITEN BENUTZT WERDEN:

1. Nov. 23:00 MEZ
15. Nov. 22:00 MEZ
1. Dez. 21:00 MEZ

NOVEMBER – BLICK NACH NORDEN

Der Winter ist nun wirklich eingekehrt, denn Orion (S. 41) als das dominierende Sternbild dieser Saison ist wieder über dem östlichen Horizont erschienen. Das Sternbild **Gemini** (Zwillinge), das etwa parallel zum Horizont im Osten steht, ist jetzt auch klar zu sehen. Von den Sternen des Sommerdreiecks steht Atair sehr tief im Westen, Deneb und Wega sind noch leicht im Nordwesten zu finden. Das kleine Sternbild **Lacerta** (Eidechse) ist gut im Westen zu beobachten. Auriga steht hoch im Osten, Andromeda und Perseus beiderseits des Zenits.

Gemini mit Castor und Pollux (links)

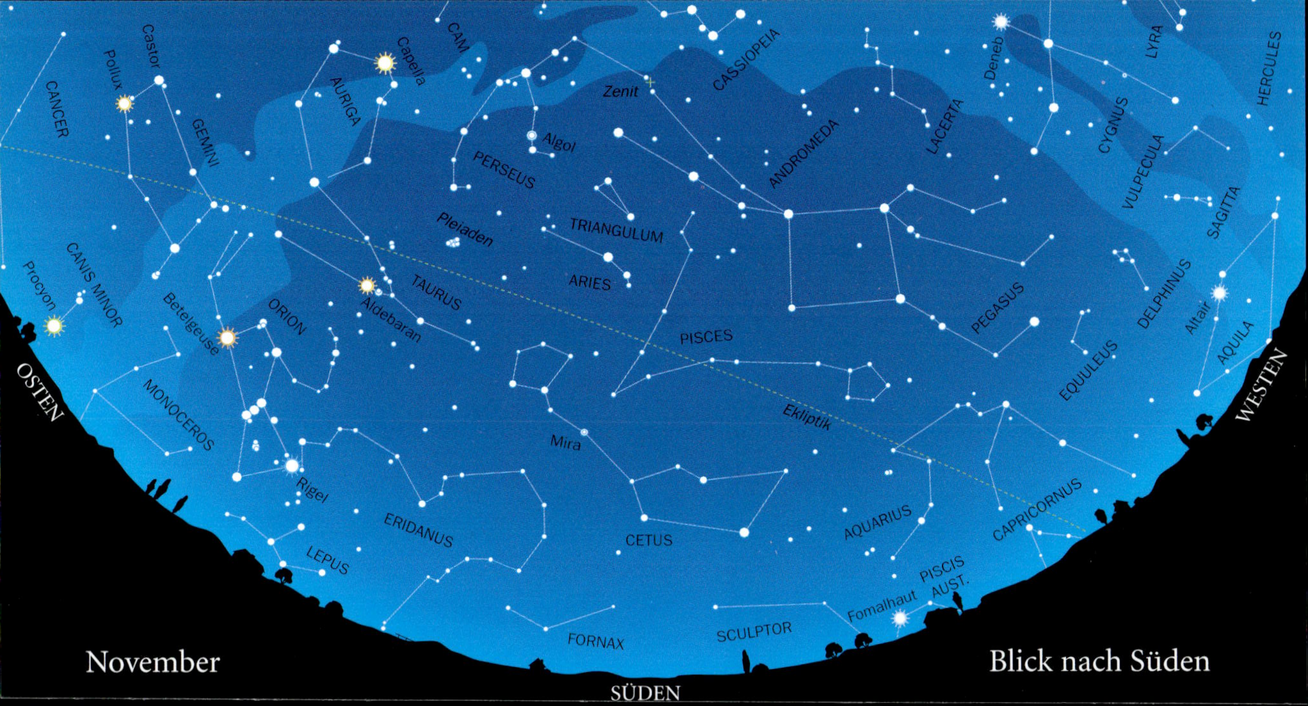

CANCER
Pollux
Castor
GEMINI
CANIS MINOR
Procyon
Betelgeuse
ORION
MONOCEROS
Rigel
LEPUS
ERIDANUS
AURIGA
Capella
CAM
PERSEUS
Algol
Pleiaden
TAURUS
Aldebaran
TRIANGULUM
ARIES
Zenit
CASSIOPEIA
ANDROMEDA
LACERTA
Deneb
CYGNUS
LYRA
VULPECULA
HERCULES
SAGITTA
DELPHINUS
Altair
AQUILA
PEGASUS
EQUULEUS
PISCES
Ekliptik
Mira
CETUS
AQUARIUS
CAPRICORNUS
FORNAX
SCULPTOR
Fomalhaut
PISCIS AUST.
OSTEN
WESTEN
SÜDEN
November
Blick nach Süden

NOVEMBER – BLICK NACH SÜDEN

Südlich des großen Quadrats des Pegasus (nun im Südwesten) findet sich ein Kreis aus fünf Sternen. Dieser soll den Körper des westlichen Fisches im Tierkreisbild **Pisces** (Fische) darstellen. Der östliche Fisch ist nicht so auffallend und besteht aus wenigen schwachen Sternen östlich des großen Vierecks. In mythologischen Zeichnungen werden die Fische mit zwei an ihre Schwänze angebundenen Bändern dargestellt, die am Himmel durch zwei lange Sternreihen wiedergegeben werden. Sie bilden ein »V« südlich und östlich des Pegasus. Der Stern **Alrescha** (α) am Apex des »V« stellt den Knoten dar.

METEORE

20. Okt.–30. Nov.
(Höhepunkt: 3. Nov.):

Tauriden: Langsame Meteore, häufig hell.

Maximale Zahl:
ca. 10 pro Stunde.

15.–20. Nov.
(Höhepunkt: 17. Nov.):

Leoniden: Schnelle Meteore (oft mit Lichtspuren), immer interessant, aber verstärktes Auftreten 1999 (S. 160).

Maximale Zahl:
1999 möglicherweise sehr hoch.

November

Südlich der Pisces liegt das Sternbild **Cetus** (Walfisch), das nicht ganz leicht zu erkennen ist. Das »V« der Fische zeigt genau auf **Mira**, einen der berühmtesten veränderlichen Sterne am Himmel. Wenn Mira am stärksten leuchtet, kann man sie mit bloßem Auge sehen; wenn sie schwach leuchtet, zerfällt das Sternbild in zwei Teile. Eine Diagonale durch das große Viereck des Pegasus nach Südosten weist auf ein unregelmäßiges Polygon mit drei helleren Sternen, die den »Körper« des Cetus bilden. Die zwei helleren Sterne in dem Fünfeck, das den »Schwanz« darstellt, finden sich östlich von Alrescha in den Pisces.

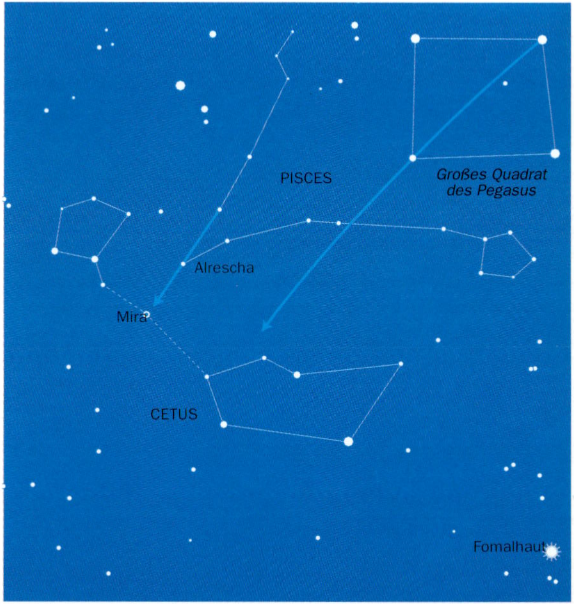

Pegasus mit dem großen Viereck (links)

Pisces mit Pegasus (oben rechts) und Aries (links)

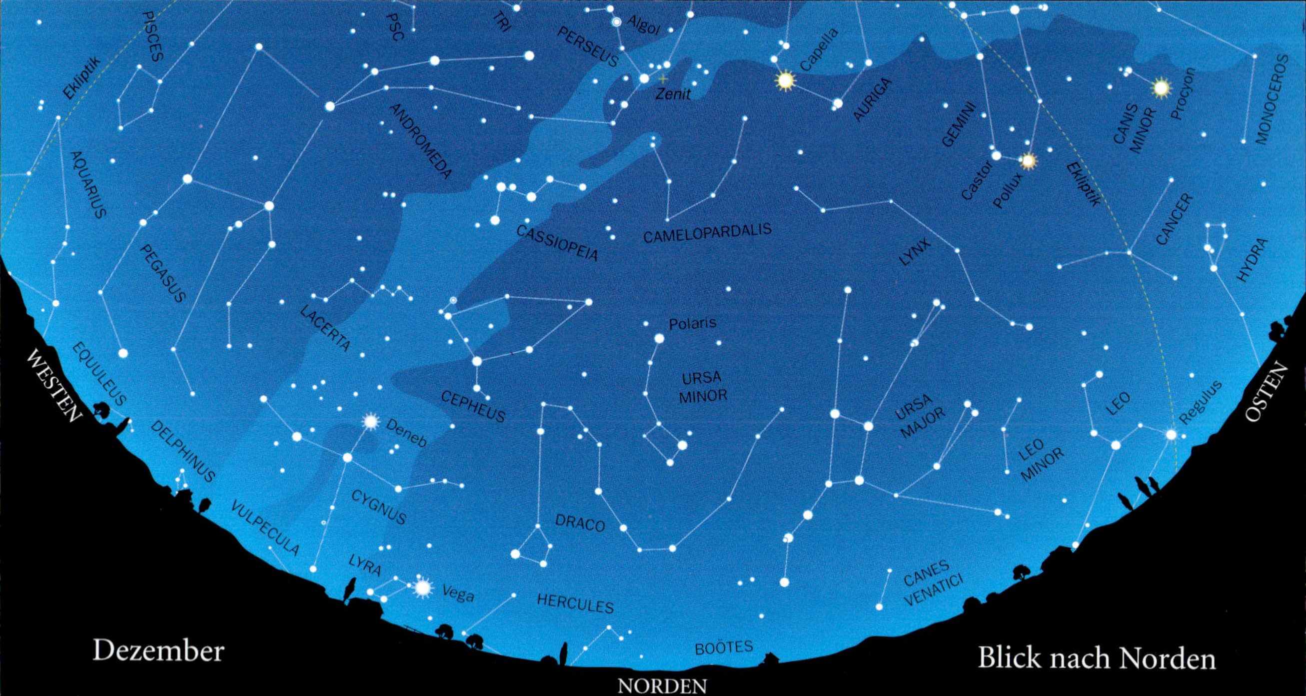
Dezember
Blick nach Norden
WESTEN
NORDEN
OSTEN
PISCES
Ekliptik
PSC
TRI
PERSEUS
Algol
Zenit
Capella
AURIGA
GEMINI
Castor
Pollux
Ekliptik
CANIS MINOR
Procyon
MONOCEROS
AQUARIUS
ANDROMEDA
CASSIOPEIA
CAMELOPARDALIS
LYNX
CANCER
HYDRA
PEGASUS
LACERTA
Polaris
URSA MINOR
URSA MAJOR
LEO MINOR
LEO
Regulus
EQUULEUS
CEPHEUS
Deneb
DELPHINUS
CYGNUS
DRACO
VULPECULA
LYRA
Vega
HERCULES
CANES VENATICI
BOÖTES

Dezember-Karten können zu folgenden Tagen und Zeiten benutzt werden:

1. Dez. 23:00 MEZ
15. Dez. 22:00 MEZ
1. Jan. 21:00 MEZ

Dezember – Blick nach Norden

Sirius (S. 48) ist über dem Horizont aufgegangen, so daß jetzt alle hellen Wintersternbilder gleichzeitig sichtbar sind: Auriga, Taurus, Orion, Gemini und Canis Maior. Dennoch ist das Sommerdreieck noch nicht völlig verschwunden. Wega »kratzt« den Horizont im Nordwesten, aber Deneb, höher und westlicher, ist noch deutlich zu sehen. Obwohl er sich fast an der niedrigsten Stelle seines Kreises befindet, ist der Kopf des Draco (und der Rest des Sternbildes) gut unterhalb von Polaris zu beobachten. Schauen Sie, ob Sie das schwache Sternbild des **Lynx** im Nordosten erkennen. Es verläuft hauptsächlich von Nord nach Süd etwa in der Mitte zwischen den äußeren Ursa-Maior-Sternen und Castor und Pollux in den Gemini.

Perseus (S. 230) mit dem Doppelsternhaufen (Mitte rechts)

Dezember

Blick nach Süden

Dezember – Blick nach Süden

Unterhalb der Andromeda westlich des Meridians liegen zwei kleine Sternbilder. Das erste, **Triangulum** (Dreieck), besteht einfach aus drei nicht sehr herausragenden Sternen, die in einem winzigen Dreieck angeordnet sind. Das andere, **Aries** (Widder), ist kaum eindrucksvoller, obwohl es ein wichtiges Tierkreiszeichen ist. Die drei hellsten Sterne darin bilden eine auffällige gebogene Linie. Einmal erlernt, wird es nur schwerlich mit irgendeinem anderen, ähnlichen Sternbild verwechselt werden.

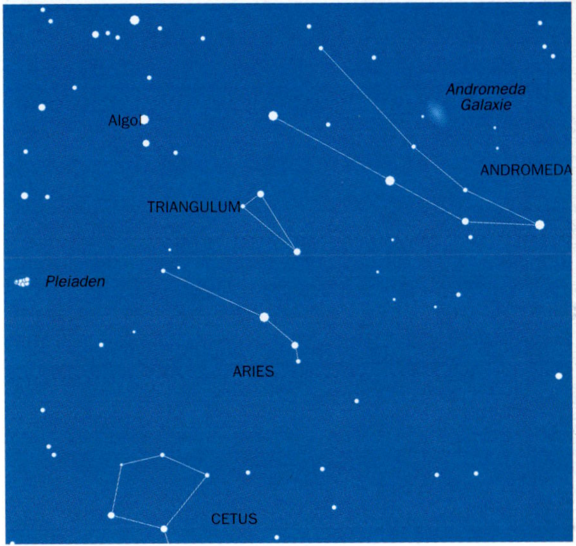

Dezember

Im Zenit liegt das Sternbild **Perseus** – das ungefähr einen Monat früher wahrscheinlich leichter zu erkennen war, als es tiefer stand. Die hellen Sterne der Andromeda östlich des Vierecks vom Pegasus führt zu α Per, dem hellsten Stern, von dem aus drei Reihen von Sternen aufwärts zur Cassiopeia, abwärts zu den Pleiaden (S. 42) und westlich zum Triangulum führen. Die letztere Reihe enthält β Per, **Algol**, einen weiteren berühmten veränderlichen Stern, der normalerweise hell ist. Auch wenn er schwächer wird, bleibt er leicht für das bloße Auge sichtbar, anders als Mira (S. 102).

METEORE

7.–16. Dez.
(Höhepunkt: 14. Dez.):
Geminiden: ein schöner Schauer mit vielen hellen mittelschnellen Meteoren. Es lohnt sich zu photographieren.

Maximale Zahl:
ca. 100 pro Stunde.

Dezember

Zum Schluß führen wir hier den **Eridanus** (der Fluß Eridanus) auf, der dicht bei Rigel im Südwesten des Orion beginnt und sich nach Westen und Süden windet, bis er für uns unter dem Horizont verschwindet. Er ist ein extrem langes Sternbild und endet weit im Süden mit dem Stern Achernar, der für unsere Breiten unsichtbar bleibt.

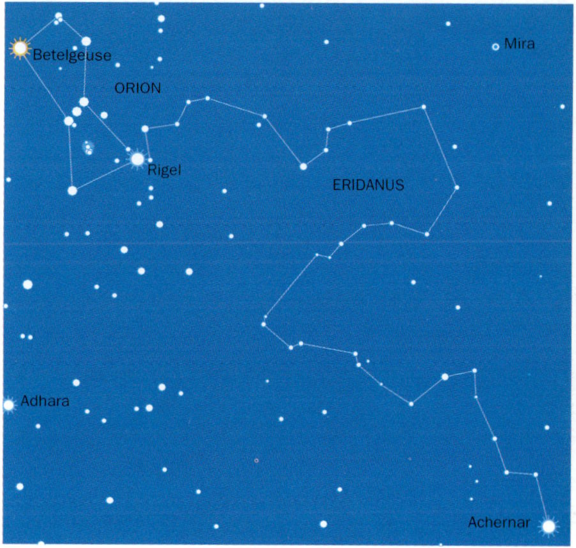

DIE MONDPHASEN

Der sich im Laufe eines Monats ändernde Anblick des Mondes ist jedem vertraut: **zunehmend** von Neumond bis Vollmond und danach wieder **abnehmend** vom Vollmond zum Neumond. Diese **Phasen** werden durch die relativen Positionen von Sonne, Mond und Erde hervorgerufen, durch die wir verschiedene Anteile der von der Sonne beleuchteten Mondhalbkugel zu sehen bekommen.

Bei Neumond steht der Mond zwischen Erde und Sonne und kehrt uns seine dunkle Seite zu, ist also unsichtbar. Nach dem Neumond wird nach Sonnenuntergang am Westhimmel kurz eine schmale Sichel sichtbar, die in den folgenden Tagen wächst, bis die halbe Scheibe beleuchtet wird. Während der ersten Phase des Zunehmens kann man oft ein schwaches Leuchten der »dunklen« Mondscheibe beobachten. Das ist der **Erdschein**, von der Erde reflektiertes Sonnenlicht, das auf die sonst unbeleuchtete Seite des Mondes fällt. Er kann relativ hell sein, wenn der entsprechende Teil der Erde wolkenbedeckt ist.

Der Mond wandert im Laufe der Tage relativ zu den Sternen ostwärts und bleibt so immer später in die Nacht hinein sichtbar. Zwischen dem ersten Viertel und Vollmond hat der Mond einen »Buckel« (die sichtbare Scheibe ist mehr als halb beleuchtet). Bei Vollmond steht der Mond auf der der Sonne entgegengesetzten Seite des Himmels und ist somit um Mitternacht am höchsten. Zwischen Vollmond und dem letzten Viertel wird der Mond wieder »buckelig« und kreuzt den Meridian nun nach Mitternacht. Schließlich ist nur noch eine schmale Sichel kurz vor Sonnenaufgang zu sehen; dann sind wir wieder bei Neumond angelangt.

Weil der Mond in der gleichen Zeit, die er für eine Umdrehung um die Erde braucht, genau einmal um seine Achse rotiert, kehrt er uns immer dieselbe Seite seiner Oberfläche zu. Die Mondbahn ist allerdings kein perfekter Kreis, sondern eine Ellipse, so daß der Mond der Erde manchmal näher, manchmal ferner steht, womit sich auch sein scheinbarer Durchmesser leicht ändert. Vor allem aber ist damit seine Bahngeschwindigkeit nicht konstant; manchmal läuft er voraus, manchmal hinterher. Dadurch scheint er am Himmel vorwärts oder rückwärts zu schaukeln, so daß wir gelegentlich etwas um den Ost- bzw.

Nach Mondbedeckung wieder auftauchende Venus

West-Rand seiner Hemisphäre blicken. Wie wir oben (S. 25) sahen, steht der Mond manchmal über bzw. unter der Ekliptik, wodurch wir dann etwas mehr von seiner Oberfläche am Süd- bzw. Nordrand sehen. Diese scheinbaren Bewegungen (**Librationen**) bewirken, daß wir ca. 59,5% der Mondoberfläche von der Erde aus zu sehen bekommen.

Sternbedeckungen

Der Mond kann vor hellen Sternen oder Planeten vorbeiziehen. Da der Mond keine Atmosphäre besitzt, verschwinden Sterne dann nicht langsam, sondern abrupt (und erscheinen ebenso wieder) – außer Doppelsterne (S. 166), deren Helligkeit sich in deutlichen Schritten ändert. Weil der Mond sich auch in Deklination (S. 19) bewegt, vergehen viele Jahre zwischen zwei aufeinanderfolgenden Bedeckungen eines hellen Sterns wie z.B. Regulus im Leo.

Die Oberfläche des Mondes

Auf der Mondoberfläche sind mit bloßem Auge helle und dunkle Gebiete erkennbar. Generell sind die hellen Regionen lunare **Hochländer**, von denen wir wissen, daß sie aus den ältesten Gesteinsformationen bestehen. Die dunklen Regionen heißen **Maria** (»Meere«) und sind tiefliegende Ebenen. Einige sind eigentlich Einschlagsbecken, die sich mit dunkler Lava gefüllt haben. Fast alle sind viel jünger als die Hochländer, wenn auch immer noch älter als der Großteil des Gesteins auf der Erde.

Schon ein Fernglas zeigt eine Fülle von **Kratern**, für die der Mond bekannt ist. Die Positionen einiger auffälliger werden auf den nächsten Seiten gezeigt. Manche Krater, wie z. B. Plato, sind deutlich mit Lava gefüllt, ja es gibt einen fließenden Übergang zu den kleineren Maria (wie z. B. das Mare Crisium, das eigentlich rund ist und nur durch die Randverzerrung elliptisch erscheint). Sinus Iridium am Rand des Mare Imbrium ist ein aufgebrochener Krater; von dieser Sorte finden sich noch viele.

Krater sind am besten zu beobachten, wenn ihre Ränder zur Zeit des Sonnenaufgangs bzw. -untergangs auf dem Mond lange Schatten werfen. Sie müssen also nahe an der Trennungslinie zwischen heller und dunkler Mondseite stehen. Diese Linie, der **Terminator**, zieht im Laufe des Monats über die Mondoberfläche hinweg. Für die meisten Krater treten auf diese Weise zweimal im Monat günstige Beobachtungsbedingungen auf, aber für Gegenden dicht an den Polen oder dem Ost- bzw. Westrand können viele Monate (oder sogar Jahre) vergehen, bis die Strukturen zur Zeit eines Librationsmaximums wieder günstig beleuchtet werden und gut zu sehen sind.

Bei Vollmond kann man wegen der senkrechten Beleuchtung nicht viele Strukturen klar erkennen, obwohl der Unterschied zwischen Hochländern und Maria recht ausgeprägt ist. Die **Strahlen** um einige (relativ junge) Krater sind aber normalerweise recht auffällig. Diese Streifen ausgestoßener feiner Materie leuchten besonders hell um die Krater Copernicus, Kepler, Aristarchus und Tycho. Die Strahlen von Tycho (im südlichen Hochland) verlaufen quer über die sichtbare Mondscheibe und kreuzen noch das Mare Serenitatis in der Nordhälfte.

Der Unterschied zwischen Hochländern und Maria ist klar zu erkennen

DER MOND: 3 TAGE ALT

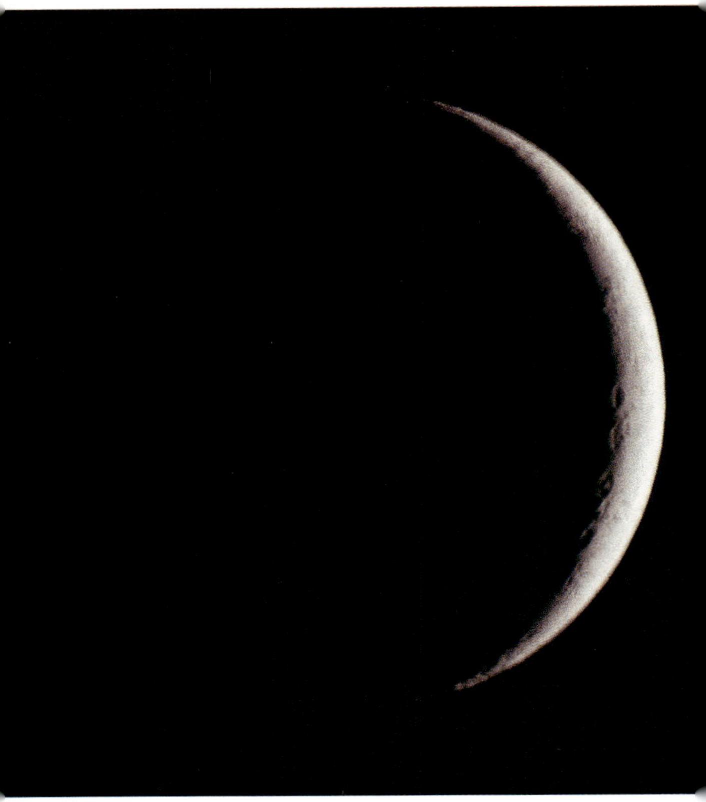

Der Mond braucht ca. 29,53 Tage für seinen kompletten Zyklus (bekannt als **Lunation**) von Neumond zu Neumond. Bei schmaler Sichel (zunehmend oder abnehmend) sind nur sehr wenige Strukturen erkennbar. Obwohl manche Beobachter es darauf anlegen, wie bald nach Neumond sie den Mond als hauchdünne Sichel entdecken können – einige bringen es auf nur wenige Stunden –, dauert es normalerweise etwa drei Tage, bis man wesentliche Einzelheiten mit einem kleinen Fernrohr oder Feldstecher entdecken kann. Die auffälligsten Krater am Terminator sind (von oben nach unten und von Nord nach

DER MOND: 3 TAGE ALT

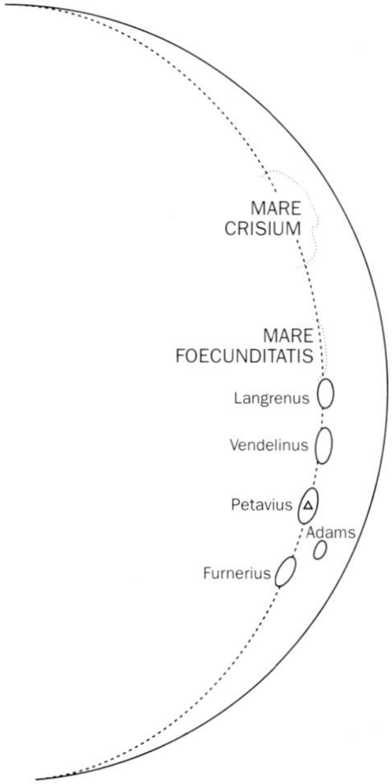

Süd) Langrenus, Vendelinus und Petavius mit seinem markanten Zentralberg. Weiter südlich kann man den rauhen Rand von Adams und den Krater Furnerius mit seinem dunklen Boden sehen. Nördlich von Langrenus kreuzt der Terminator die flachen Gebiete am Rand des Mare Foecunditatis und des Mare Crisium.

DER MOND: 7 TAGE ALT

Etliche Maria treten nun deutlich zutage: Mare Crisium, Mare Foecunditatis, Mare Nectaris, der Großteil vom Mare Tranquilitatis und ein Teil des Mare Serenitatis. Weiter nördlich sieht man auch Lacus Somniorum und einen Teil des Mare Frigoris. Das südliche Hochland ist übersät mit Kratern. Langrenus, Vendelinus und Petavius erscheinen unter der hochstehenden Sonne als helle Flecken. Nahe am Terminator fallen drei weitere Krater auf: Theophilus, Cyrillus und Catharina. Daneben erstreckt sich das Mare Nectaris nach Süden bis in den gefluteten Krater Fracastorius. Weiter südlich liegt Piccolomini mit Lindenau und Zagut.

DER MOND: 7 TAGE ALT

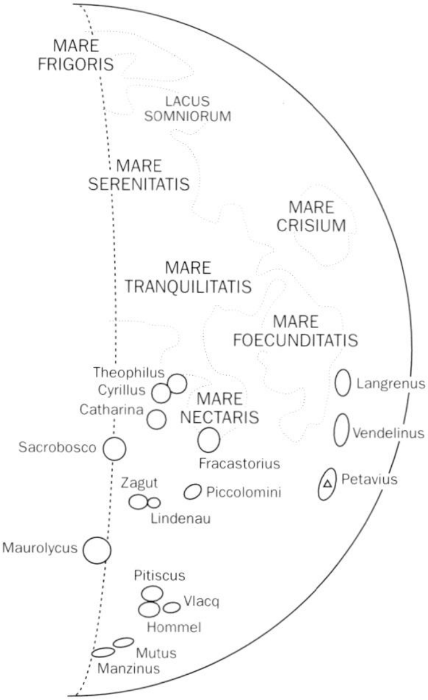

Noch weiter südlich findet sich die herausragende Gruppe von Pitiscus, Vlacq und Hommel. Mutus und Manzinus stehen in der Südpolarregion. Der Terminator verläuft durch die Krater Sacrobosco und Maurolycus.

DER MOND: 10 TAGE ALT

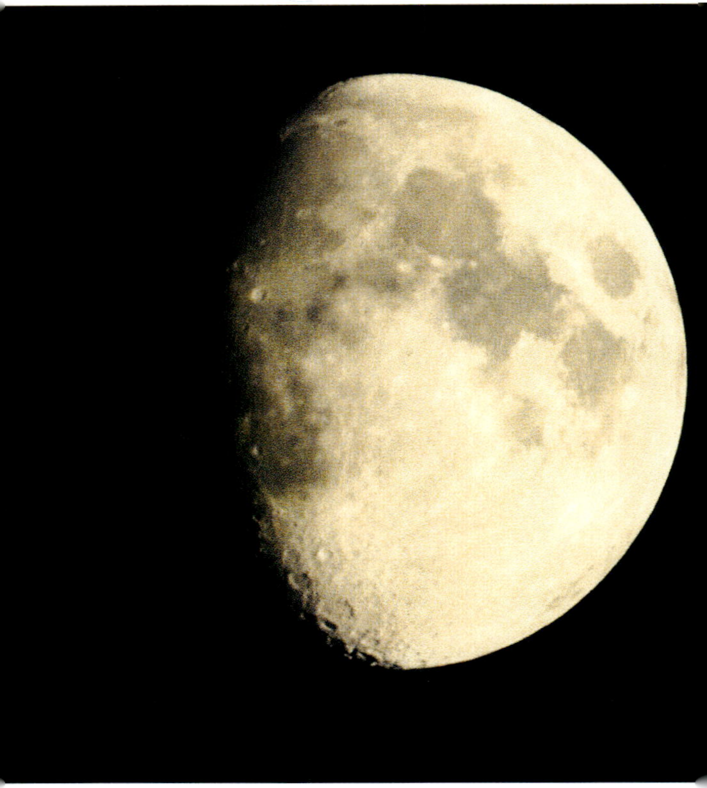

Mare Serenitatis ist nun ganz zu sehen, mit Plinius, Menaelaus und den Haemus Montes an seinem Südrand. Ein heller Strahl kreuzt die Mitte des Mare. Weiter westlich kann man den Großteil des Mare Imbrium mit den Montes Jura am Terminator erkennen. Der Krater Plato mit seinem dunklen Boden ist von den Montes Alpinus umgeben. Weiter südlich ist das Mare durch die Montes Appeninus mit Eratosthenes am Ende der Kette begrenzt. Archimedes liegt ganz innerhalb des Mare. Der wunderschöne Krater Copernicus findet sich zwischen dem Mare Imbrium und dem größeren Oceanus Procellarum. Weiter

DER MOND: 10 TAGE ALT

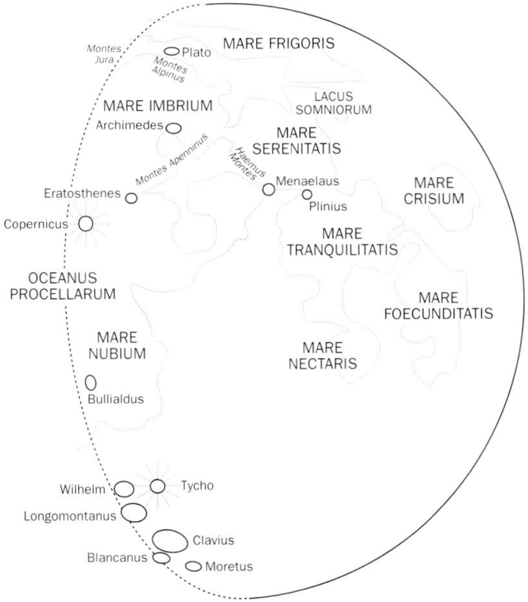

südlich erkennen wir das Mare Nubium und den großen Krater Bullialdus. Die meisten Strahlen, die sich über die Mondscheibe erstrecken, stammen von Tycho. Westlich von ihm befinden sich Wilhelm und Longomontanus, weiter südlich Clavius, Blancanus und Moretus.

DER MOND: 14 TAGE ALT

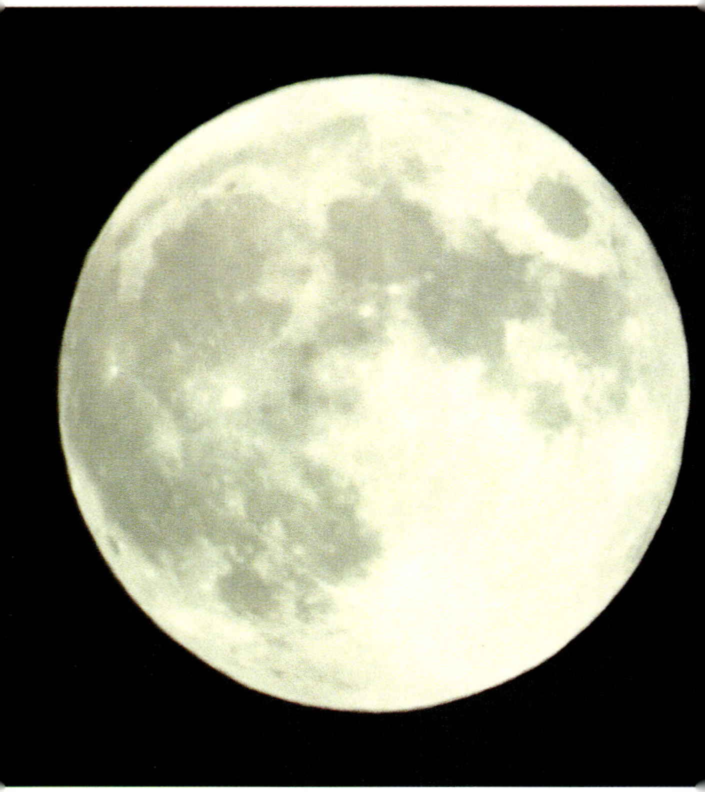

Bei Vollmond blicken wir auf die Oberfläche in der gleichen Richtung hinab, wie die Sonnenstrahlen einfallen; daher gibt es kaum Schatten – außer am Rand, wo alle Strukturen verzerrt und schwierig zu erkennen sind. Zu dieser Zeit treten allerdings speziell die Strahlensysteme hervor, besonders um Tycho, der auch seinen dunklen Kranz zeigt.

Weitere Strahlensysteme umgeben Copernicus und Kepler. Im westlichen Teil des Oceanus Procellarum finden wir den hellen Krater Aristarchus. Dicht am Westrand steht der Krater Grimaldi mit dunklem Boden. In der Mitte der Scheibe beobachten wir

DER MOND: 14 TAGE ALT

die dunklen Gebiete des Mare Vaporum, Sinus Aestuum und Sinus Medii.

DER MOND: 18 TAGE ALT

Der Abendterminator hat das Mare Crisium und das Mare Foecunditatis verdunkelt, dafür sind die Strukturen um das Mare Serenitatis und Mare Tranquilitatis nun leichter zu erkennen, speziell Posidonius. Der Krater Theophilus erscheint deutlich an den Rändern von Mare Tranquilitatis und Mare Nectaris. Weiter südlich liegt der große Krater Maurolycus und westlich davon Tycho. Die drei Krater Pitiscus, Vlacq und Hommel stehen dicht am Terminator. Etwas nördlicher, rechts vom Terminator, liegen Jansen und Fabricius. Im Westen stechen Grimaldi und Aristarchus noch ins Auge. In der Nordhälfte der

DER MOND: 18 TAGE ALT

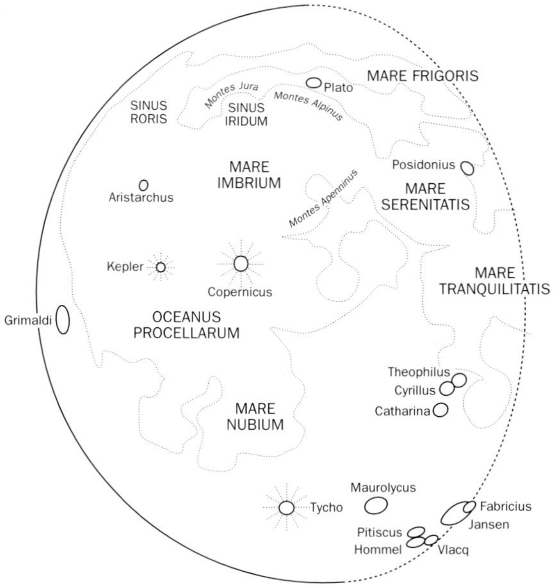

Scheibe ist praktisch die ganze Ausdehnung des Mare Frigoris zusammen mit Sinus Roris sichtbar. Das Mare Imbrium, das zusammen mit seinen umliegenden Gebirgen durch einen gigantischen Einschlag hervorgebracht wurde, kann man in dieser Mondphase gut beobachten.

DER MOND: 22 TAGE ALT

Der Terminator ist nun so weit über die Scheibe gewandert, daß der Großteil der Krater-Hochländer im Dunkeln liegt; die dunklen, tiefliegenden Mare Imbrium, Oceanus Procellarum und Mare Humorum dominieren. Aristarchus am Rand des Mare Imbrium ist ebenso hell wie das Gebiet um den Krater Crüger im Kraterfeld zwischen Oceanus Procellarum und Mare Humorum. Sinus Iridium, Copernicus und, weiter südlich, Grimaldi werden durch die fortschreitende Schattenbildung hervorgehoben. Bullialdus ist noch zu sehen, ebenso wie weiter südlich Maginus und Clavius. Tycho steht genau auf dem

DER MOND: 22 TAGE ALT

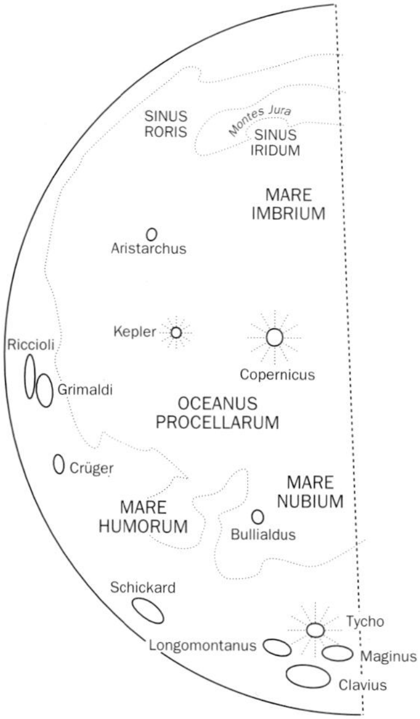

Terminator. Grimaldi ist leicht zu erkennen; der dunkle Fleck neben ihm ist Teil des Bodens von Riccioli. Schickard weiter südlich hat ebenfalls einen dunklen Boden.

DER MOND: 25 TAGE ALT

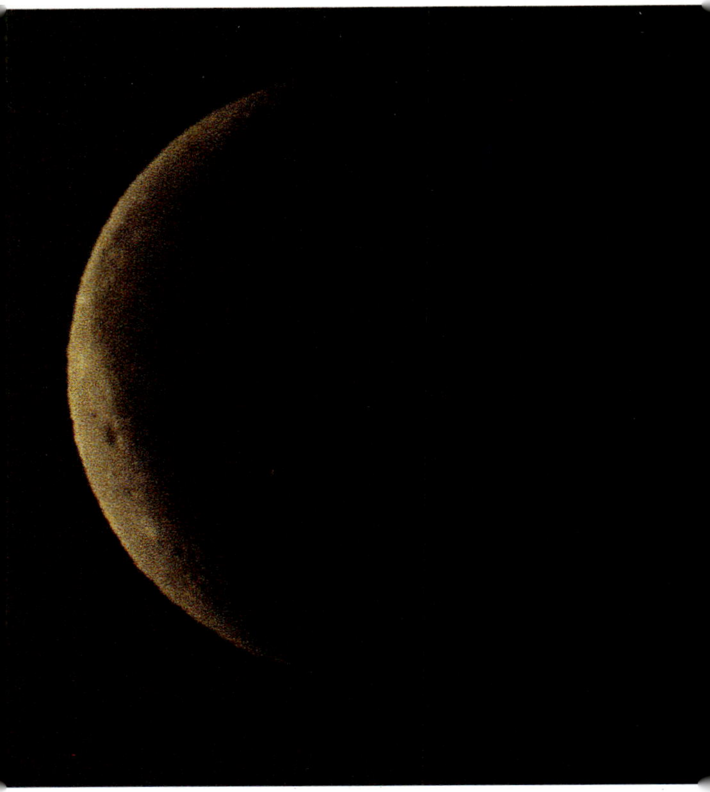

In dieser Phase schreitet der Terminator auf den Westrand des Mondes zu, und nur noch sehr wenige Strukturen sind zu sehen.

Das Mare Humorum liegt nun im Schatten, und nur die ziemlich strukturlosen Ränder des Oceanus Procellarum und Sinus Roris bleiben sichtbar. Die dunklen Böden von Grimaldi, Riccioli und Schickard lassen sich zusammen mit verschiedenen helleren Flecken des Hochlandes beobachten. Abhängig vom Grad der Libration (S. 111) können andere Krater in der Gegend um den Mondrand sichtbar werden, besonders im Süden. Fast

DER MOND: 25 TAGE ALT

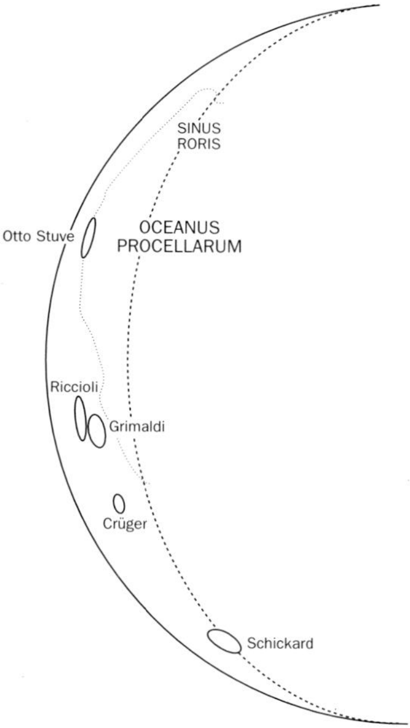

genau westlich von Aristarchus kann man in dieser Phase oft den großen Krater Otto Struve sehen.

FINSTERNISSE

Läge die Mondbahn genau in der Ekliptik, so gäbe es bei jedem Neumond, wenn die Körper in einer Reihe stehen, eine **Sonnenfinsternis**, und bei jedem Vollmond eine **Mondfinsternis**. Das geschieht deshalb nicht, weil die Mondbahn gegen die Ekliptik um 5° geneigt ist und somit Finsternisse nur dann entstehen, wenn der Mond gerade »zufällig« in der Ekliptik steht.

Daher variieren die Zahl und die Art der Finsternisse von Jahr zu Jahr beträchtlich. Es gibt im Jahr mindestens zwei (die dann beide Sonnenfinsternisse sind) und höchstens sieben Finsternisse. Nach einem Zyklus von 18 Jahren und 10,3 bzw. 11,3 Tagen (bekannt als **Saros-Zyklus**) wiederholt sich der Ablauf der Finsternisse.

Sonnenfinsternisse

Sonnenfinsternisse können nur auftreten, wenn der Mond – bei Neumond – genau zwischen Sonne und Erde steht und sein Schatten auf die Erde fällt. Der dunkle, zentrale Schattenkegel ist der **Kernschatten**, die viel größere Region, in der nur ein Teil der Sonne verdeckt ist, der **Halbschatten**. Durch Zufall erscheinen von der Erde aus Mond und Sonne am Himmel fast gleich groß (ca. 0,5° Durchmesser), so daß die Sonnenscheibe zuweilen komplett durch den Mond verdeckt ist, wenn der Kernschatten die Erde trifft. Dann haben wir eine **totale Sonnenfinsternis**, ein spektakuläres Ereignis, bei dem die äußere

Die Sonnenkorona variiert von Finsternis zu Finsternis

Sonnenatmosphäre, die **Korona**, mit ihren Flammen und Strahlen sichtbar wird.

Wie wir oben gesehen haben (S. 24/25), variieren die Entfernungen zwischen Erde und Mond ebenso wie die zwischen Erde und Sonne. Günstigste Bedingungen haben wir, wenn der Mond der Erde am nächsten (**Perigäum**) und die Erde der Sonne am fernsten (**Aphel**) steht: Der Mond erscheint dann am größten und die Sonne am kleinsten, so daß die Finsternis am längsten dauert (höchstens 7 Minuten 31 Sekunden). Solche Idealbedingungen sind selten und die meisten totalen Finsternisse viel kürzer.

Finsternisse können auch stattfinden, wenn der Mond am weitesten entfernt (**Apogäum**) und die Sonne uns am nächsten (**Perihel**) steht. Die Mondscheibe bedeckt die Sonne nicht mehr vollständig (d.h. der Kernschatten berührt die Erde nicht ganz), und ein heller Ring bleibt sichtbar: eine **ringförmige Finsternis**.

Unter günstigsten Bedingungen, wenn Sonne und Mond genau übereinander stehen, beträgt der maximale Durchmesser des Kernschattens auf der Erde 273 km, gewöhnlich aber nur 150–160 km. Durch Projektion steigt der Durchmesser zu den Polen hin bis auf 780 km an. Die Überlagerung von Erdrotation und Mondbewegung läßt den Schatten mit ca. 3200 km/h ostwärts über die Erde wandern. Totalität tritt also nur in einem schmalen Band auf dem Erdball ein, wodurch totale Sonnenfinsternisse äußerst selten sind. In einem Bereich von 3200 km außerhalb dieses schmalen Bandes sieht man eine **partielle Sonnenfinsternis**.

Warnung: Blicken Sie niemals mit einem Feldstecher direkt in die Sonne! Sie riskieren ernsthafte Augenschäden. Auch wenn die Sonne am Horizont schwächer erscheint, kann die Infrarotstrahlung (die man nicht sehen kann) noch stark genug sein, um die Netzhaut zu schädigen. Benutzen Sie keine sogenannten »Sonnenfilter« in Ihrem Teleskop. Viele lassen schädliche Strahlen durch; andere können durch die Hitze zerspringen. Die einzig sicheren Arten, die Sonne zu betrachten, sind die Bildprojektion auf einem Papier hinter dem Okular oder der Gebrauch eines speziellen Filters, der, vor das Objektiv gesetzt, den größten Teil der Strahlung wegreflektiert. Auch dann sollten Sie aber keinen Sucher verwenden, sondern diesen abdecken.

Mondfinsternisse

Anders als Sonnenfinsternisse können Mondfinsternisse überall auf der vom Mond beschienenen Erdhalbkugel gesehen werden. Mit bis zu 107 Minuten Totalität dauern sie auch viel länger. Die Ostbewegung des Mondes über den Himmel führt ihn in den Halbschatten, durch den Kernschatten und wieder in den anderen Halbschatten der Erde. Meist ist die Verdunklung im Halbschatten so gering, daß man sie nicht wahrnimmt und erst beim Eintritt des Mondes in den Kernschatten den Beginn der Finsternis bemerkt. Halbschattenfinsternisse sind nur von geringem Interesse.

Sogar im Kernschatten verschwindet der Mond nicht vollständig, wobei seine Helligkeit und Farbe bei jeder Finsternis stark variieren. Die Bedingungen in der Erdatmosphäre verursachen diese Unterschiede. Während der Totalität wird der Mond gewöhnlich von einem kupferfarbenen Licht erleuchtet, das durch unsere Atmosphäre in den Schattenkegel hinein gebrochen wird. Es kann auch einen bläulichen Ton am Rand des Kernschattens geben. Nur selten verschwindet der Mond in der Mitte der Finsternis ganz; normalerweise ist er noch so hell, daß die größeren Strukturen auf seiner Oberfläche zu erkennen sind.

Tabelle der Sonnenfinsternisse: 2001–2005

2001	21. Juni	Total	4 min. 57 sek.	Südamerika, Süd- u. Zentralafrika
	14. Dez.	Ringförmig	3 min. 53 sek.	Hawaii, Südwest-kanada, westl. USA, Mexiko, Karibik
2002	10.–11. Juni	Ringförmig	0 min. 23 sek.	Südostasien, Philippinen, Nordamerika (außer Norden u. Osten)
	4. Dez.	Total	2 min. 04 sek.	Südafrika, Madagaskar, Süd- u. Westaustralien
2003	31. Mai	Ringförmig	3 min. 37 sek.	Arktis, Grönland, Island, Nordeuropa, Nordasien, Alaska, Nordkanada
	23.–24. Nov.	Total	1 min. 57 sek.	Antarktis, Südaustralien, südl. Südamerika
2004	19. April	Partiell		Südafrika, Madagaskar, Antarktis
	14. Okt.	Partiell		Sibirien, Nordchina, Japan
2005	8. Apr.	Ringförmig/ total	0 min. 42 sek.	Neuseeland, mittl. Pazifikregion, Venezuela
	3. Okt.	Ringförmig	4 min. 31 sek.	Spanien, Nordafrika, Sudan, Kenia, Indischer Ozean

Tabelle der Mondfinsternisse 2001–2005

2001	9. Jan.	Total	Australien, Indonesien, Philippinen, Asien, Afrika
2003	16. Mai	Total	Antarktis, Afrika, Europa, Nord- u. Südamerika
	8.–9. Nov.	Total	Westasien, Europa, Nordamerika
2004	4. Mai	Total	Indien, Mittlerer Osten, Europa, Afrika
	28. Okt.	Total	Europa, Nord- u. Südamerika
2005	17. Okt.	Partiell	Nordamerika, Asien

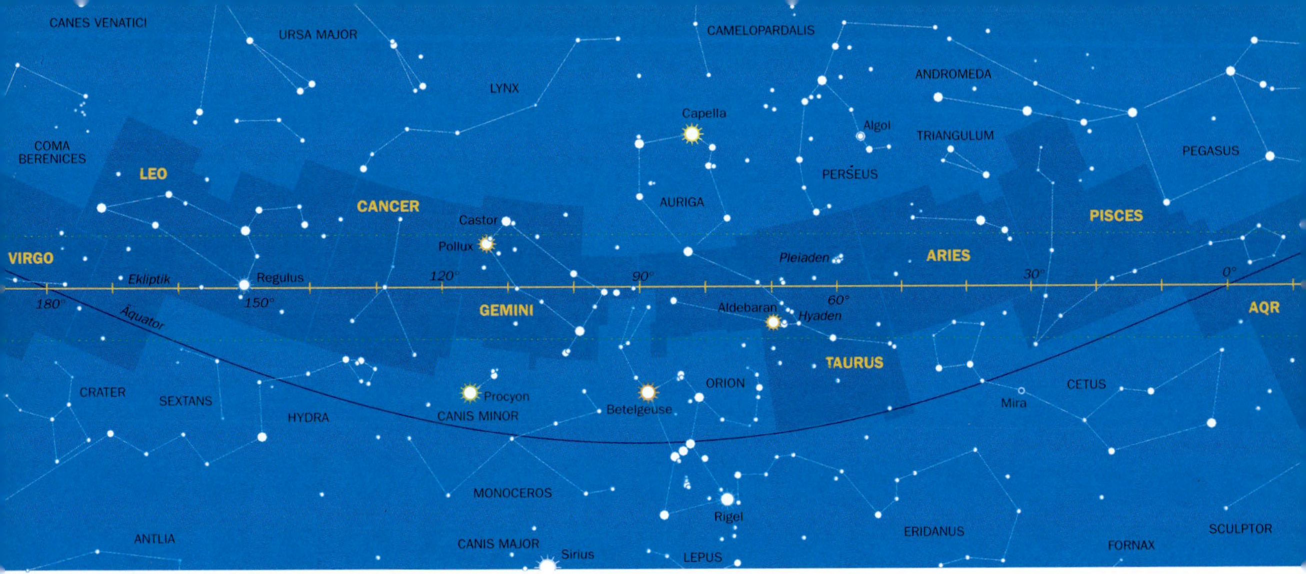

TIERKREISZEICHEN: VON PISCES BIS LEO

Die Sternzeichen des Tierkreises sind hier mit dunklerem Blauton markiert. Die Sonne steht immer auf der Ekliptik – so ist die Ekliptik definiert –, und der Mond und die Planeten finden sich in dem Streifen, der durch die gepunkteten Linien begrenzt wird. Man beachte, daß dieser Bereich auch Teile anderer Sternbilder enthält, so z. B. Auriga, Cetus, Ophiuchus, Orion und Sextans.

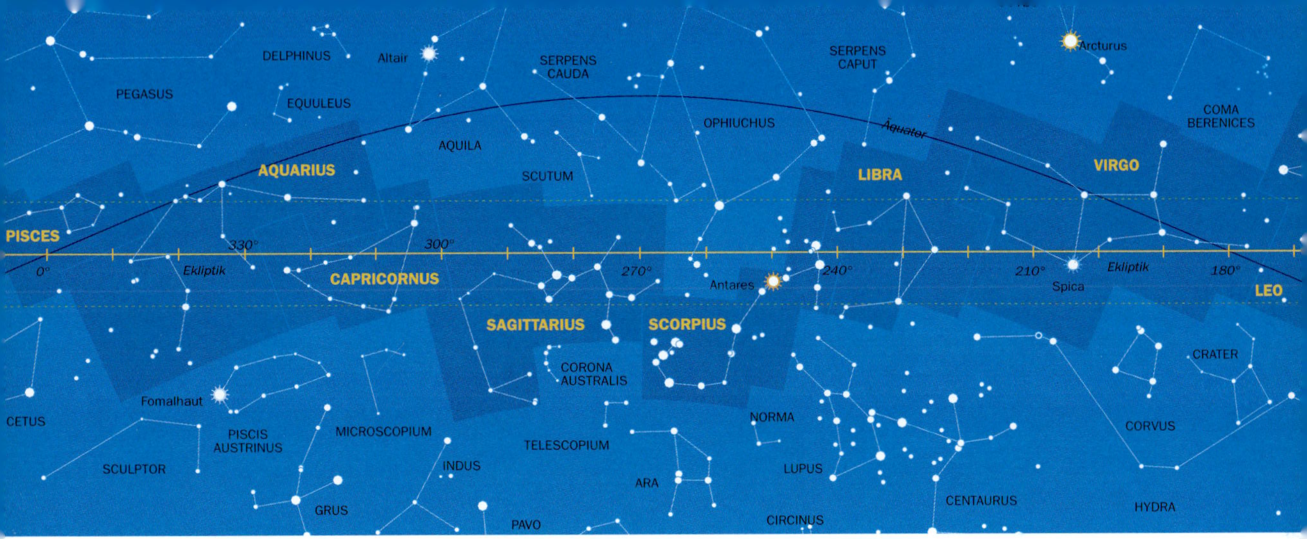

Tierkreiszeichen: von Virgo bis Aquarius
Die Projektion zeigt die Ekliptik als gerade Linie und den Himmelsäquator daher als dunkelblauen Bogen. Die ekliptikale Länge wird von West nach Ost entlang der Ekliptik gezählt, beginnend mit dem Frühlingspunkt (S. 24), der früher im Aries lag und heute in den Pisces liegt.

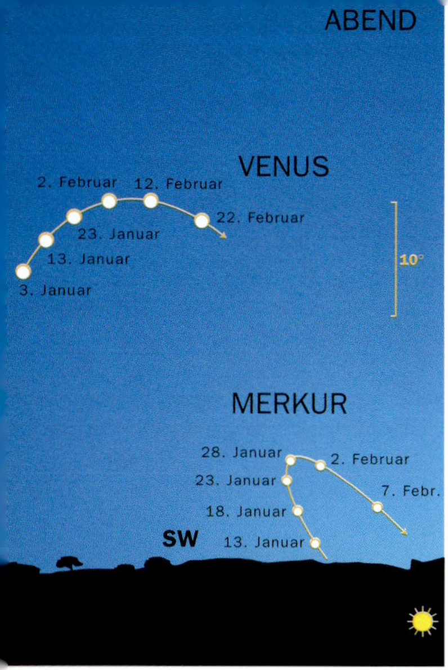
ABEND
VENUS
2. Februar
12. Februar
22. Februar
23. Januar
13. Januar
3. Januar
10°
MERKUR
28. Januar
2. Februar
23. Januar
7. Febr.
18. Januar
13. Januar
SW

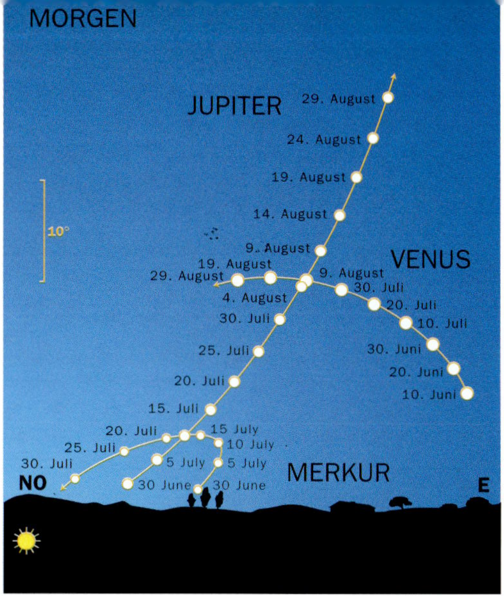
MORGEN
JUPITER
29. August
24. August
19. August
14. August
9. August
VENUS
10°
19. August
29. August
9. August
4. August
30. Juli
30. Juli
20. Juli
10. Juli
25. Juli
30. Juni
20. Juni
20. Juli
10. Juni
15. Juli
20. Juli
15 July
25. Juli
10 July
30. Juli
5 July
5 July
MERKUR
NO
30 June
30 June
E

MORGEN
10°
MERKUR
10. Oktober
20. Oktober
30. Oktober
25. Oktober
30. Oktober
4. November
9. November
9. November
VENUS
20. Oktober
19. November
14. November
19. November
SO

DIE POSITION DER PLANETEN 2001

Merkur ist am leichtesten Ende Januar am Abendhimmel und Ende Oktober am Morgenhimmel zu sehen. Nur schwierig findet man ihn Mitte Juli am Morgen. Zu all diesen Zeiten steht Venus in derselben Gegend.

Venus steht deutlich sichtbar im Januar und Februar (wenn sie die Größe -4,7 erreicht) und dann wieder im Oktober (jetzt horizontnah) am Abendhimmel. Zur Jahresmitte ist sie bei Größe 4,0 auch noch gut zu sehen.

Mars ist fast das ganze Jahr über für einige Zeit sichtbar. Bei seiner Opposition am 14. Juni steht er an der Grenze von Ophiuchus und Sagittarius, im tiefstgelegenen Teil der Ekliptik. Zum Jahresende ist er schön am Abendhimmel zu sehen.

Jupiter hat im Jahr 2001 keine Opposition, aber er ist bis April für den größten Teil der Nacht sichtbar. Ende Juli erscheint er wieder am Morgenhimmel, und bis Dezember ist er wieder die ganze Nacht über zu finden.

Saturn ist ebenso fast während des ganzen Jahres zu sehen. Seine Helligkeit steigert sich von Größe -0,1 am Jahresanfang bis zu -0,4 bei seiner Opposition am 4. Dezember im Taurus.

VIRGO
LYNX
LEO
Castor
Pollux
Regulus
AURIGA
PERSEUS
TRIANGULUM
ARIES
PISCES
PEGASUS
Pleiaden
Hyaden
Aldebaran
TAURUS
ORION
CANCER
GEMINI
CRATER
SEXTANS
HYDRA
Procyon
CANIS MINOR
MON
Betelgeuse
CETUS
Mira
180
90°
0
PEGASUS
AQUILA
SERPENS CAUDA
OPHIUCHUS
SERPENS CAPUT
VIRGO
LEO
PISCES
AQUARIUS
CAPRICORNUS
SCUTUM
MARS - 2001
2001/1
2
3
4
5
6
7
8
9
10
11
12
2002/1
270°
0
180
Spica
Antares
LIBRA
CETUS
SAGITTARIUS
SCORPIUS
CORVUS
CRATER
PISCIS AUSTRINUS
MICROSCOPIUM
CORONA AUSTRALIS
LUPUS
HYDRA
Fomalhaut

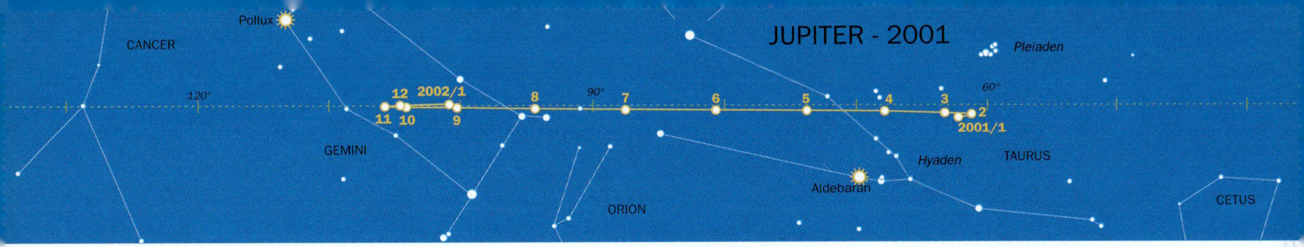
JUPITER - 2001
Pollux
CANCER
120°
90°
60°
12
2002/1
11
10
9
8
7
6
5
4
3
2
2001/1
GEMINI
ORION
Aldebaran
Hyaden
TAURUS
Pleiaden
CETUS

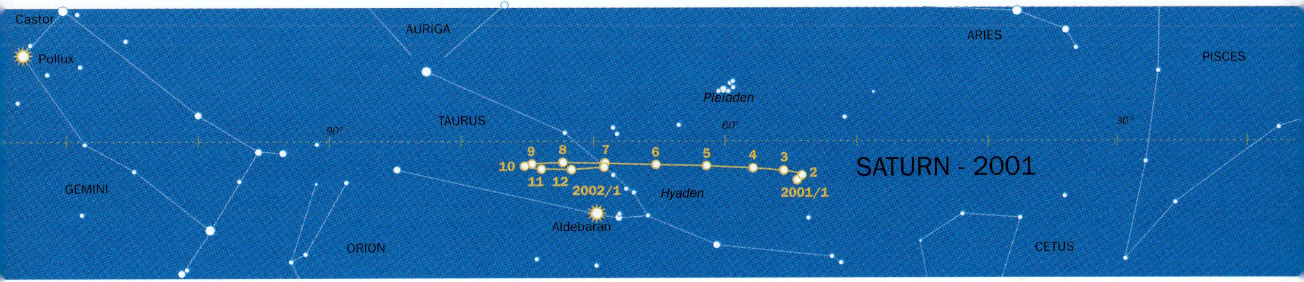
SATURN - 2001
Castor
Pollux
AURIGA
GEMINI
90°
TAURUS
ORION
10
9
8
7
11
12
2002/1
6
5
4
3
2
2001/1
Aldebaran
Hyaden
Pleiaden
60°
ARIES
CETUS
30°
PISCES

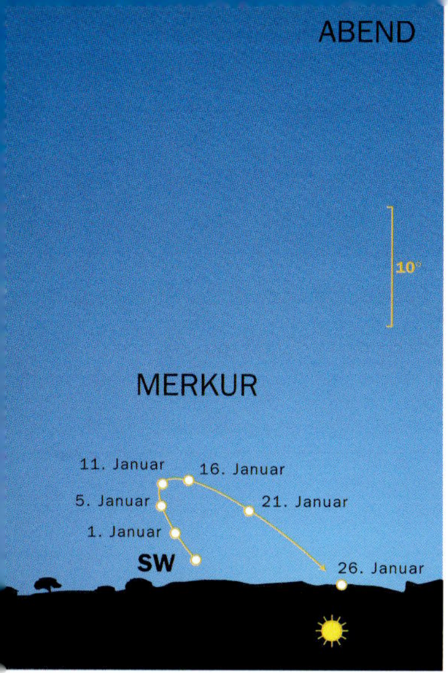
ABEND
10°
MERKUR
11. Januar
16. Januar
5. Januar
21. Januar
1. Januar
SW
26. Januar

MORGEN
10°
MARS
1. November
22. Oktober
12. Oktober
12. Oktober
17. Oktober
2. Oktober
22. Oktober
7. Oktober
27. Oktober
MERKUR
1. November
O
2. Oktober

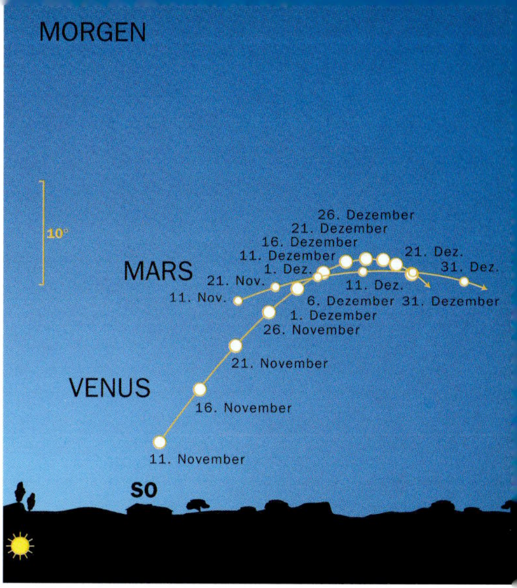
MORGEN
10°
26. Dezember
21. Dezember
16. Dezember
11. Dezember
21. Dez.
MARS
1. Dez.
31. Dez.
21. Nov.
11. Dez.
11. Nov.
6. Dezember
31. Dezember
1. Dezember
26. November
21. November
VENUS
16. November
11. November
SO

DIE POSITION DER PLANETEN 2002

In einer seltenen Verbindung sind zwischen dem 13. und dem 16. Mai alle fünf hellen Planeten Merkur, Venus, Mars, Jupiter und Saturn zu sehen, begleitet vom zunehmenden Mond.

Merkur ist im Januar im Westen sichtbar, aber günstiger Mitte Oktober am Morgenhimmel zu beobachten.

Venus ist ein strahlendes Objekt am Morgenhimmel von Anfang November bis zum Jahresende (Anfang Dezember: Größe -4,7).

Mars ist im ersten Quartal ein Abendobjekt. Er hat 2002 keine Opposition (d. h. er wird auch nicht sehr hell) und ist von Ende April bis Oktober unsichtbar.

Jupiter erreicht am 1. Januar seine Opposition bei der Größe -2,6 und geht auf -2,0 zurück, bis er Ende Mai in der Abenddämmerung verschwindet. Im August erscheint er dann wieder am Morgenhimmel und wird bis Jahresende zunehmend länger sichtbar und heller.

Saturn steht westlich von Jupiter im Taurus und verschwindet (Anfang Mai) bzw. erscheint wieder (im Juli) jeweils etwas früher als Jupiter. Seine Helligkeit steigt vom Minimum (Größe +0,1) auf ca. -0,5 bei seiner Opposition am 18. Dezember.

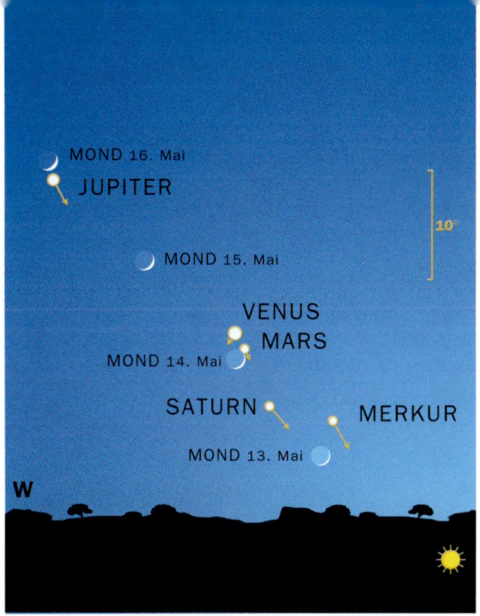

MARS - 2002
VIRGO
LEO
LYNX
Castor
Pollux
AURIGA
PERSEUS
TRIANGULUM
PEGASUS
Pleiaden
ARIES
PISCES
10
9
8
7
6
5
4
3
2
180°
90°
0°
Regulus
CANCER
GEMINI
Aldebaran
Hyaden
TAURUS
CRATER
SEXTANS
HYDRA
Procyon
CANIS MINOR
MON
Betelgeuse
ORION
CETUS
Mira
PEGASUS
PISCES
AQUILA
SCUTUM
SERPENS CAUDA
OPHIUCHUS
SERPENS CAPUT
VIRGO
LEO
AQUARIUS
2002/1
2003/1
12
11
10
0°
270°
180°
CETUS
CAPRICORNUS
Antares
Spica
LIBRA
SAGITTARIUS
SCORPIUS
PISCIS AUSTRINUS
CORVUS
CRATER
HYDRA
Fomalhaut
MICROSCOPIUM
CORONA AUSTRALIS
LUPUS

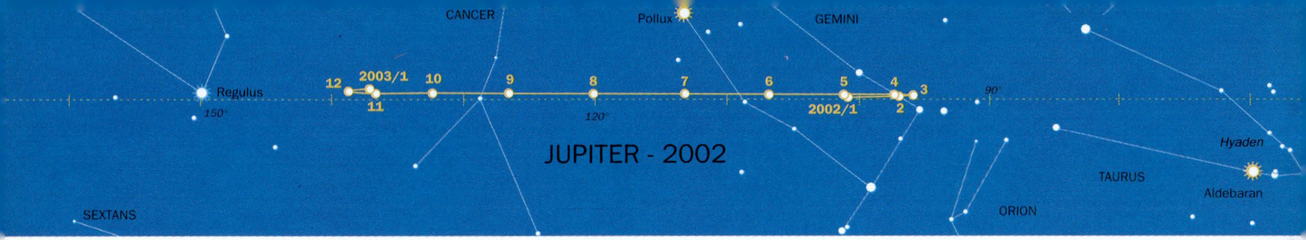
JUPITER - 2002
CANCER
Pollux
GEMINI
Regulus
150°
120°
90°
12
2003/1
11
10
9
8
7
6
5
4
3
2
2002/1
Hyaden
TAURUS
Aldebaran
SEXTANS
ORION

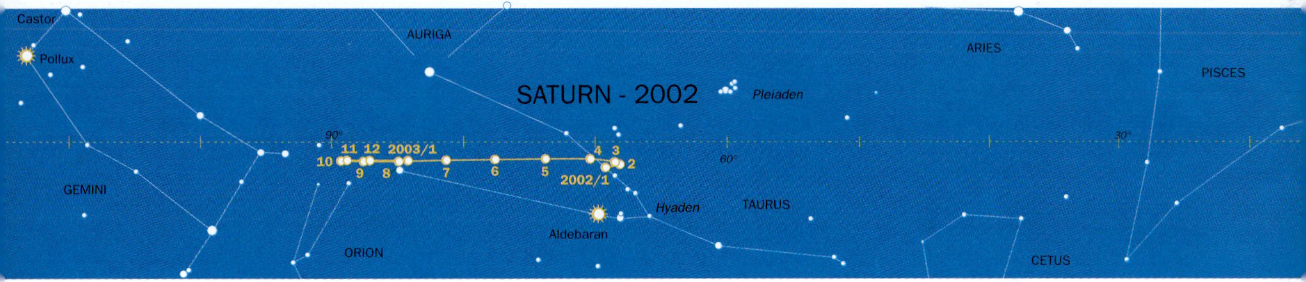
SATURN - 2002
Castor
Pollux
AURIGA
ARIES
PISCES
Pleiaden
90°
60°
30°
10
11
12
2003/1
9
8
7
6
5
4
3
2
2002/1
GEMINI
Hyaden
TAURUS
Aldebaran
ORION
CETUS

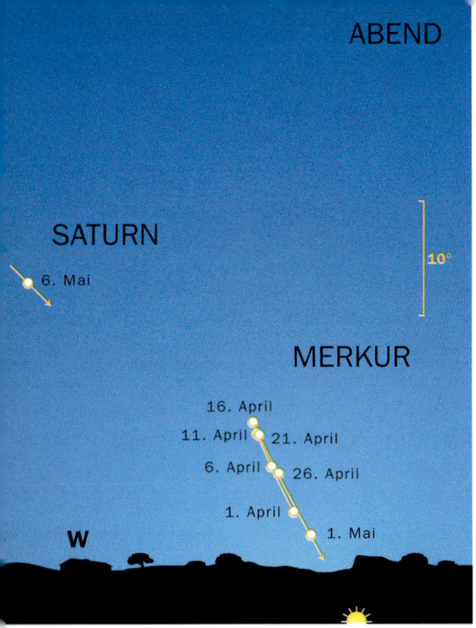
ABEND
SATURN
6. Mai
10°
MERKUR
16. April
11. April
21. April
6. April
26. April
1. April
1. Mai
W

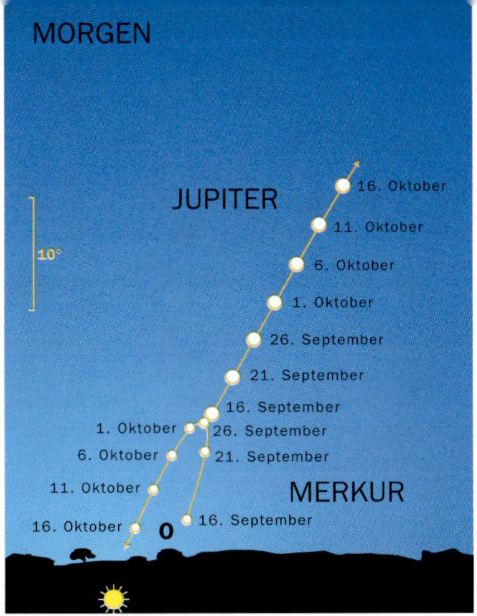
MORGEN
JUPITER
10°
16. Oktober
11. Oktober
6. Oktober
1. Oktober
26. September
21. September
16. September
1. Oktober
26. September
6. Oktober
21. September
11. Oktober
MERKUR
16. Oktober
O
16. September

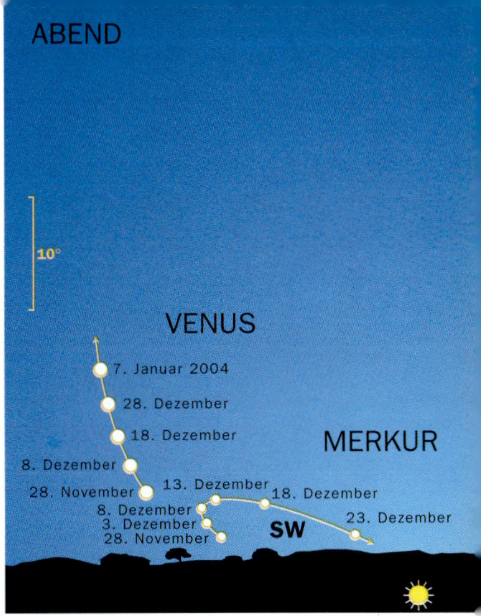
ABEND
10°
VENUS
7. Januar 2004
28. Dezember
18. Dezember
MERKUR
8. Dezember
28. November
13. Dezember
18. Dezember
8. Dezember
3. Dezember
28. November
SW
23. Dezember

DIE POSITION DER PLANETEN 2003

Merkur ist in drei Perioden sichtbar, von denen die Mitte April und September/Oktober günstig sind, während er im Dezember recht horizontnah steht.

Venus ist zum Jahresanfang ein sehr gutes Morgen- bzw. im Dezember ein gutes Abendobjekt; zum Jahresende wird sie schnell heller und steigt weit über den Horizont (2004 wird sie dann außergewöhnlich gut zu sehen sein).

Mars kann man am Jahresanfang für einige Monate sehen, aber er bleibt dicht am Horizont. Von Anfang Juli an verbessert sich die Sichtbarkeit deutlich, Opposition ist am 29. August bei der Größe -2,9.

Jupiter ist zu Jahresbeginn über einen langen Zeitraum sichtbar und hat seine Opposition im Cancer am 2. Februar bei der Größe -2,6. Im September taucht er am Morgenhimmel wieder auf und geht am Jahresende gegen Mitternacht auf.

Saturn ist zum Jahresbeginn den Großteil der Nacht über zu sehen und verschwindet dann bis Mai im Abenddämmerlicht. Im Juli erscheint er wieder am frühen Morgen, und im Dezember ist er dann wieder die ganze Nacht über zu sehen (keine Opposition 2003).

MARS - 2003
VIRGO
LYNX
LEO
Castor
Pollux
Regulus
AURIGA
PERSEUS
TRIANGULUM
PEGASUS
Pleiaden
ARIES
PISCES
2004/1
12
180°
90°
0°
CANCER
GEMINI
Hyaden
Aldebaran
TAURUS
CRATER
SEXTANS
HYDRA
Procyon
CANIS MINOR
MON
ORION
Betelgeuse
CETUS
Mira

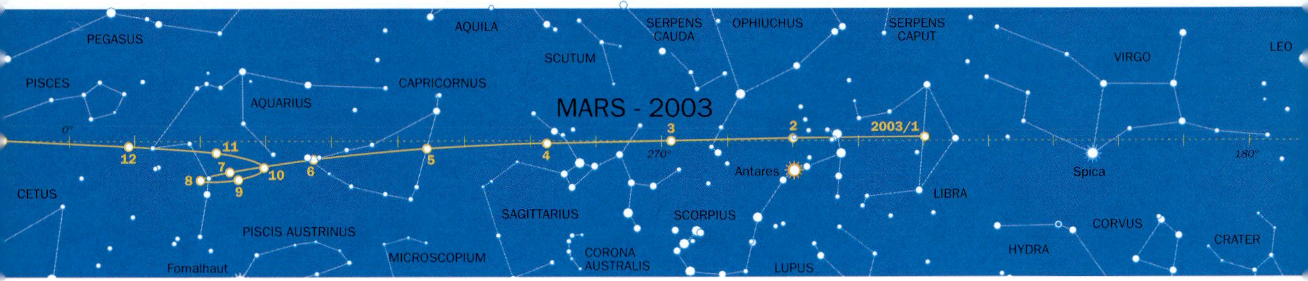
MARS - 2003
PEGASUS
AQUILA
SERPENS CAUDA
OPHIUCHUS
SERPENS CAPUT
LEO
SCUTUM
VIRGO
PISCES
CAPRICORNUS
AQUARIUS
2003/1
0°
270°
180°
1
2
3
4
5
6
7
8
9
10
11
12
Antares
Spica
CETUS
SAGITTARIUS
SCORPIUS
LIBRA
PISCIS AUSTRINUS
CORVUS
CRATER
HYDRA
MICROSCOPIUM
CORONA AUSTRALIS
Fomalhaut
LUPUS

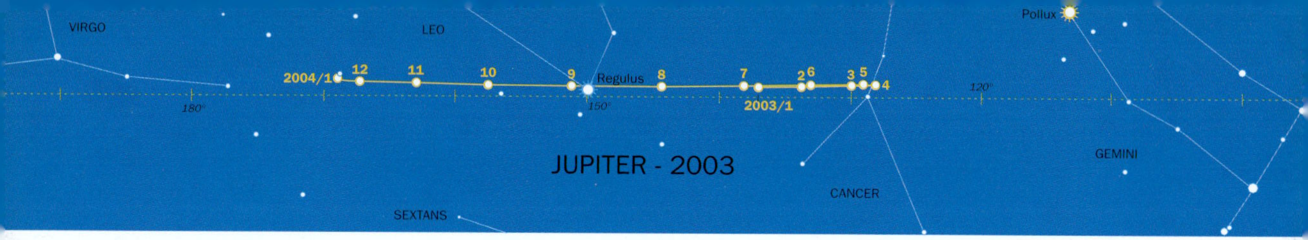
JUPITER - 2003
VIRGO
LEO
SEXTANS
CANCER
GEMINI
Regulus
Pollux
2004/1
12
11
10
9
8
7
2003/1
2
6
3
5
4
180°
150°
120°

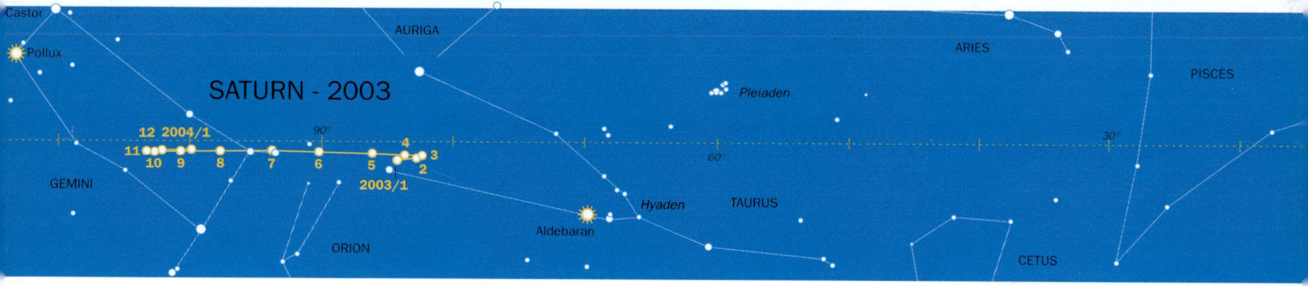
SATURN - 2003
Castor
Pollux
GEMINI
AURIGA
ORION
Aldebaran
Hyaden
TAURUS
Pleiaden
ARIES
CETUS
PISCES
12
2004/1
11
10
9
8
7
6
5
4
3
2
2003/1
90°
60°
30°

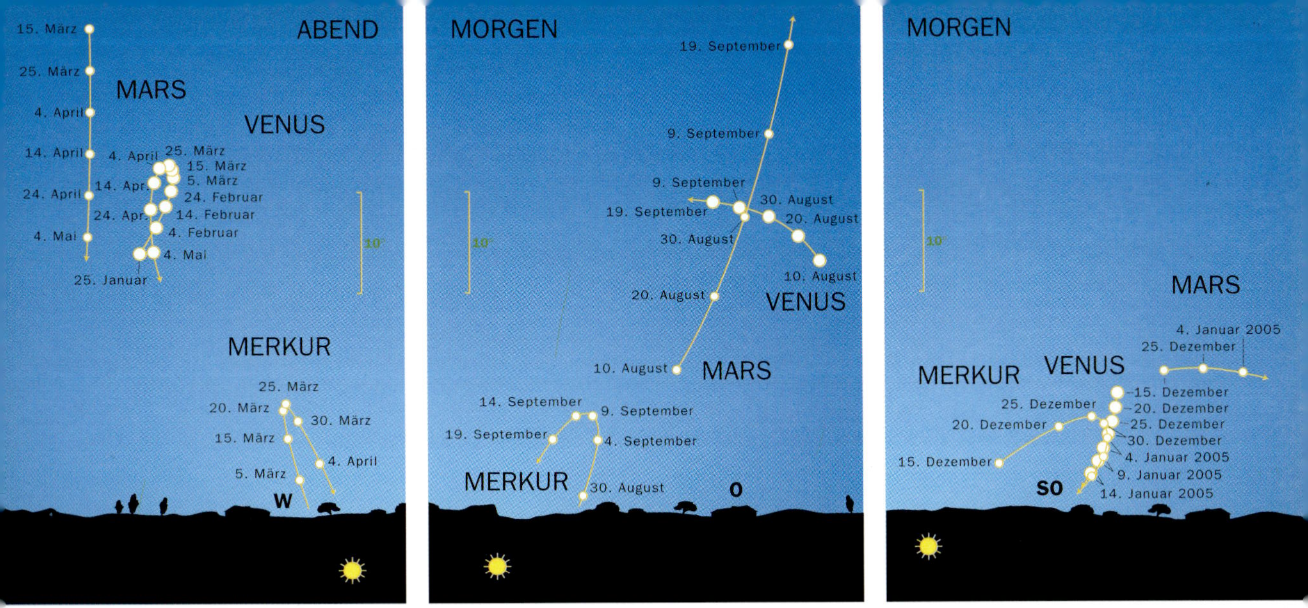
ABEND
MARS
VENUS
15. März
25. März
4. April
14. April
24. April
4. Mai
4. April
25. März
15. März
5. März
14. Apr.
24. Februar
24. Apr.
14. Februar
4. Februar
4. Mai
25. Januar
10°
MERKUR
25. März
20. März
30. März
15. März
4. April
5. März
W
MORGEN
19. September
9. September
9. September
30. August
19. September
20. August
30. August
10. August
20. August
VENUS
10. August
MARS
14. September
9. September
19. September
4. September
MERKUR
30. August
O
MORGEN
10°
MARS
4. Januar 2005
25. Dezember
MERKUR
VENUS
15. Dezember
25. Dezember
20. Dezember
20. Dezember
25. Dezember
30. Dezember
15. Dezember
4. Januar 2005
9. Januar 2005
SO
14. Januar 2005

DIE POSITION DER PLANETEN 2004

Merkur steht ab 30. März in östlicher Elongation, ab 10. September in westlicher, wenn er sich Regulus nähert. Am besten zu sehen ist er voraussichtlich in westlicher Elongation im Dezember, wenn er eine Reihe von fünf engen Konjunktionen mit Venus durchläuft, von denen die erste am 28. Dezember stattfindet.

Venus ist in ihrer größten östlichen Elongation am 29. März besonders deutlich zu erkennen, ebenso wie in ihrer westlichen am 17. August. Zu beiden Gelegenheiten steht sie am Himmel in direkter Nachbarschaft zum Mars. Zum Jahresende im Dezember nähert sie sich Merkur, so daß sich auch dieser in der Dämmerung leichter ausmachen läßt.

Mars ist in den ersten Monaten des Jahres sichtbar und verschwindet im Mai in der Abenddämmerung, wenn er im Sternbild Taurus (Stier) steht. Während des ganzen Jahres erreicht er keine Opposition, erscheint aber im November im Morgengrauen wieder am Himmel.

Jupiter ist Anfang des Jahres sehr hell am Morgenhimmel sichtbar und erreicht in seiner Opposition am 4. März eine Magnitude von -2,5. Ende Mai verschwindet er in der Abenddämmerung und taucht Anfang November im Morgengrauen mit einer Magnitude von -2,0 wieder auf.

Saturn erreicht 2004 keine Opposition, ist aber dennoch den Großteil des Jahres über im Sternzeichen Gemini (Zwillinge) zu erkennen. Seine Helligkeit nimmt von einer Magnitude von -0,5 im Januar auf etwa 0,2 Mitte Mai ab, wenn er in der Abenddämmerung verschwindet. Im September taucht er etwas schwächer am Rand des Sternbilds Cancer (Krebs) in der Morgendämmerung wieder auf und bewegt sich ab November retrograd, bevor er am 14. Januar 2005 seine Opposition erreicht.

MARS - 2004
2004/1
2
3
4
5
6
7
8
9
10
0°
90°
180°
VIRGO
LEO
LYNX
Castor
Pollux
AURIGA
PERSEUS
TRIANGULUM
PEGASUS
Pleiaden
ARIES
PISCES
Regulus
CANCER
GEMINI
Aldebaran
Hyaden
TAURUS
ORION
CRATER
SEXTANS
HYDRA
Procyon
CANIS MINOR
MON
Betelgeuse
CETUS
Mira

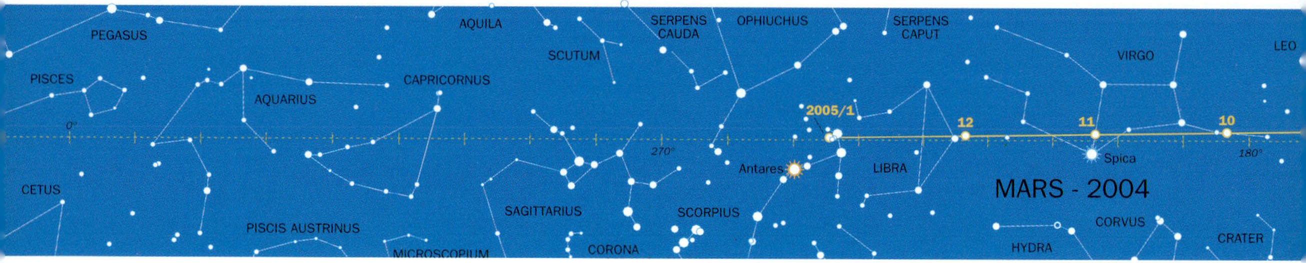
MARS - 2004
2005/1
12
11
10
0°
270°
180°
PEGASUS
AQUILA
SERPENS CAUDA
OPHIUCHUS
SERPENS CAPUT
LEO
SCUTUM
VIRGO
PISCES
AQUARIUS
CAPRICORNUS
Antares
LIBRA
Spica
CETUS
SAGITTARIUS
SCORPIUS
CORVUS
CRATER
PISCIS AUSTRINUS
MICROSCOPIUM
CORONA
HYDRA

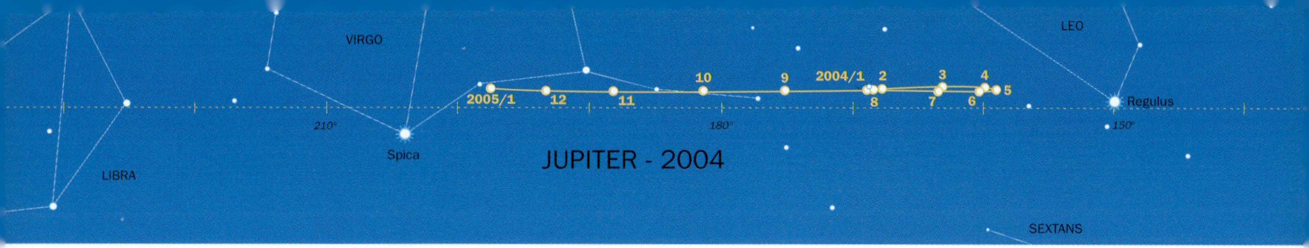

JUPITER - 2004

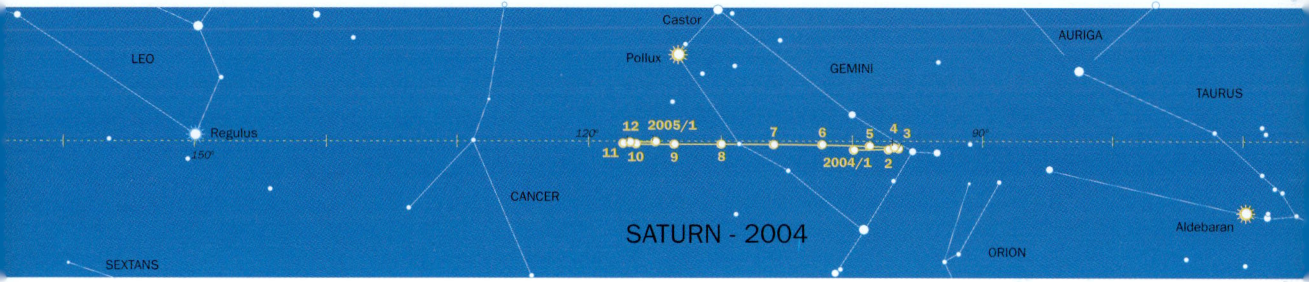

SATURN - 2004

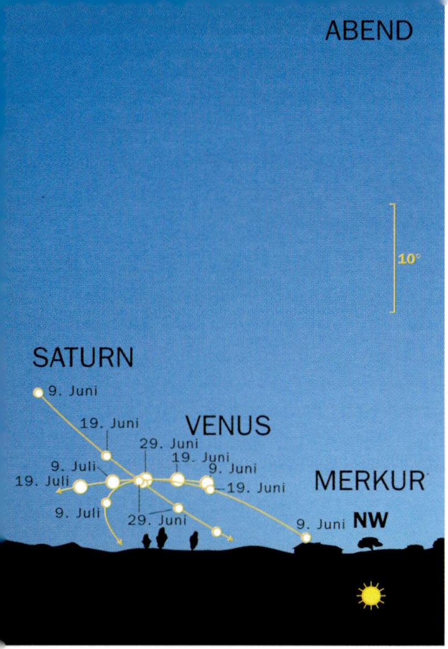
ABEND
10°
SATURN
9. Juni
19. Juni
VENUS
29. Juni
19. Juni
9. Juni
19. Juni
9. Juli
19. Juli
9. Juli
29. Juni
MERKUR
9. Juni
NW

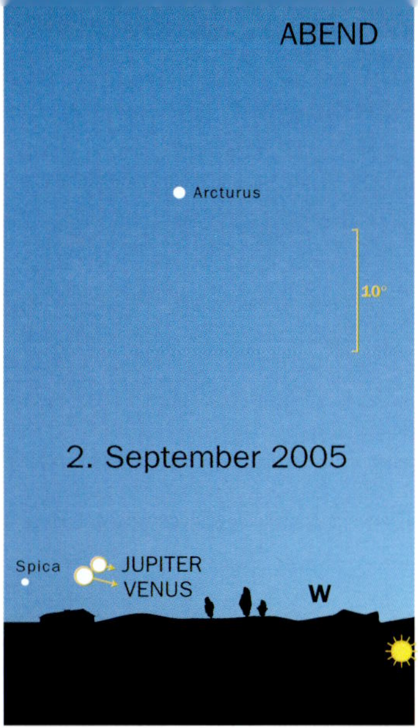
ABEND
Arcturus
10°
2. September 2005
Spica
JUPITER
VENUS
W

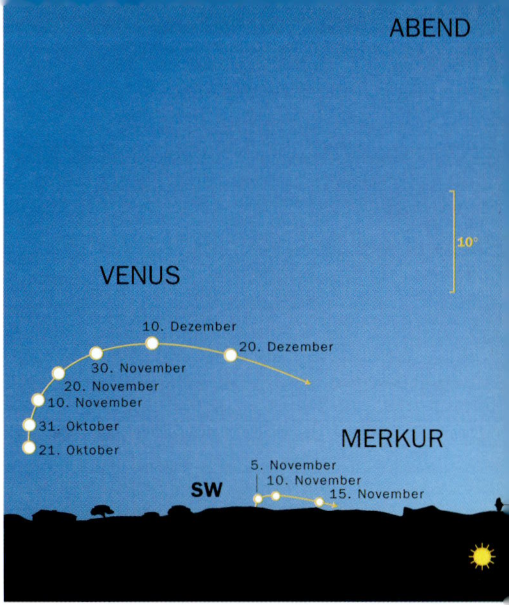
ABEND
10°
VENUS
10. Dezember
20. Dezember
30. November
20. November
10. November
31. Oktober
21. Oktober
MERKUR
5. November
10. November
15. November
SW

DIE POSITION DER PLANETEN 2005

Merkur ist 2005 sehr schlecht zu sehen. Er erreicht seine größte östliche Elongation am 9. Juli, wenn er sich am Himmel der Venus nähert. Wegen der Helligkeit der Sommerdämmerung ist er auch dann nur schlecht zu erkennen. Am 4. November kehrt er unweit des Mondes in seine östliche Elongation zurück, steht dann aber so tief, daß man ihn nur bei extrem klarem Himmel und mit einem Fernglas ausmachen können wird.

Venus hat in den ersten Monaten eine ungünstige Position. Am 29. Juni steht sie am nordwestlichen Abendhimmel in Nachbarschaft zu Merkur und Saturn bei zunehmender Elongation von der Sonne. Am 2. September erreicht sie bei ihrer Konjunktion mit Jupiter (Magnitude -1,6) eine Magnitude von -3,6. Obwohl beide Planeten sehr tief über dem Horizont stehen, sind sie recht gut zu erkennen. Am deutlichsten sieht man die Venus zum Jahresende.

Mars steht zu Jahresbeginn im Sternbild Scorpius (Skorpion), ist aber erst im Juli deutlich zu sehen, wenn er sich im Sternbild Pisces (Fische) befindet und gegen Mitternacht aufgeht. Er beginnt seine retrograde Bewegung im Oktober und erreicht seine Opposition am 30. desselben Monats im Sternbild Aries (Widder) mit einer Magnitude von -2,3. Mars bleibt bis zum Jahresende sichtbar und bewegt sich ab Anfang Dezember wieder vorwärts.

Jupiter befindet sich die meiste Zeit des Jahres im Sternbild Virgo (Jungfrau). Er beginnt seinen Weg im Januar in der Morgendämmerung und erreicht seine Opposition am 3. April bei einer Magnitude von -2,3. Ende Mai verschwindet er in der Abenddämmerung. Gut zu sehen ist Jupiter nur in der Morgendämmerung gegen Ende des Jahres. Unter Umständen ist er am 2. September tief am westlichen Horizont in Konjunktion mit Venus sichtbar.

Saturn ist zu Beginn des Jahres die ganze Nacht hindurch zu sehen und erreicht seine Opposition am 13. Januar im Sternbild Gemini (Zwillinge) mit einer Magnitude von -0,2. Gegen Ende Mai verschwindet er in der Abenddämmerung, taucht Ende Oktober am Morgenhimmel wieder auf und wird zum Jahresende deutlicher.

MARS - 2005
VIRGO
LEO
LYNX
Castor
Pollux
Regulus
180°
90°
0°
CANCER
GEMINI
AURIGA
PERSEUS
TRIANGULUM
PEGASUS
Pleiaden
ARIES
PISCES
2006/1
11
12
10
9
8
7
6
Aldebaran
Hyaden
TAURUS
ORION
CRATER
SEXTANS
HYDRA
Procyon
CANIS MINOR
MON
Betelgeuse
CETUS
Mira

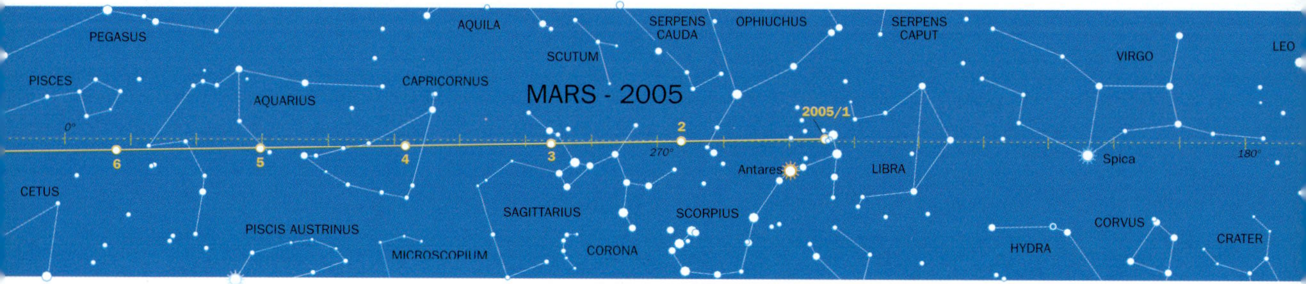
MARS - 2005
PEGASUS
AQUILA
SERPENS CAUDA
OPHIUCHUS
SERPENS CAPUT
LEO
SCUTUM
VIRGO
PISCES
AQUARIUS
CAPRICORNUS
2005/1
0°
270°
180°
6
5
4
3
2
Antares
LIBRA
Spica
CETUS
SAGITTARIUS
SCORPIUS
CORVUS
CRATER
PISCIS AUSTRINUS
MICROSCOPIUM
CORONA
HYDRA

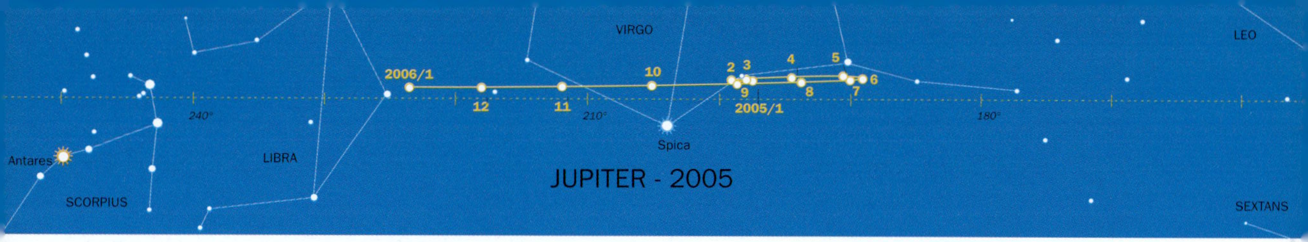
VIRGO
LEO
2006/1
10
2
3
4
5
6
7
8
9
12
11
240°
210°
2005/1
180°
Spica
Antares
LIBRA
JUPITER - 2005
SCORPIUS
SEXTANS

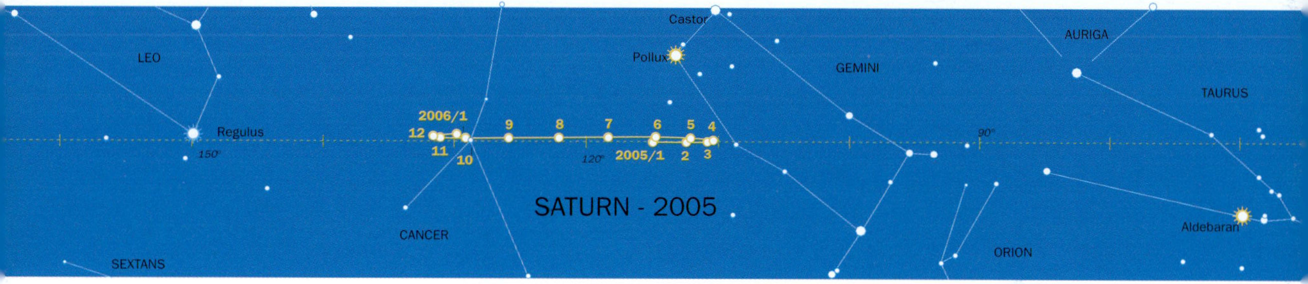
Castor
AURIGA
Pollux
LEO
GEMINI
TAURUS
2006/1
9
8
7
6
5
4
12
Regulus
90°
11
150°
10
120°
2005/1
2
3
SATURN - 2005
CANCER
Aldebaran
ORION
SEXTANS

POLARLICHTER

Eine Polarlichterscheinung ist ein unvergeßliches Ereignis. Leider sind sie in unseren Breiten selten, werden aber häufiger, je weiter man nach Norden reist. In Europa ist da Skandinavien günstig, nicht zuletzt auch wegen der langen Winternächte – Erscheinungen treten aber auch regelmäßig in Schottland auf. Die Häufigkeit verändert sich mit der Sonnenaktivität (ein Zyklus von elf Jahren), ein großer Polarlichtausbruch (wie der vom 13. Mai 1989) kommt aber nur vielleicht zwei- bis dreimal im Jahrhundert vor.

Ein Polarlicht erscheint, wenn von der Sonne ausgesandte Teilchen vom Erdmagnetfeld eingefangen und auf hohe Geschwindigkeit beschleunigt werden; diese treten in den sogenannten Polarlichtkreisen (etwa zentriert um die Erdmagnetfeldpole) in die Hochatmosphäre ein. Hier, gewöhnlich in 100–300 km Höhe, stoßen die energiereichen Teilchen mit Atomen der Atmosphäre (meist Stickstoff, Sauerstoff) zusammen und bringen sie zum Leuchten, was dann die Polarlichter hervorbringt.

Die meisten Polarlichterscheinungen beginnen mit entweder einem undeutlichen **Lichtschleier** oder konzentrierteren **Flecken.** Eine häufige Form sind Lichtbögen im Norden mit einer scharfen unteren und diffusen oberen Grenze. Oft entwickeln sich dann vertikale **Strahlen**, die, einzeln oder als Strahlenkranz, hoch in den Himmel reichen. Während einer heftigen Erscheinung kann sich der Bogen aufweiten und ein deutliches breites **Band** bilden, das unter Umständen wiederum Strahlenstruktur zeigt. Manchmal entwickelt das Band Falten, die sich wie ein Vorhang im Wind bewegen. Mehrfache Bänder und Vorhänge treten bei starken Erscheinungen auf. Gelegentlich scheinen sich die Strahlen in einem Punkt hoch am Himmel über uns zu vereinigen, was man als **Korona** bezeichnet. Während einer aktiven Erscheinung kann sich das Bild von einem auf den anderen Augenblick drastisch verändern, indem die Lichter aufflammen und flackern und sich schnell über den Himmel bewegen.

Die Farbe eines Polarlichts hängt stark von der individuellen Sehfähigkeit des Beobachters ab. Gewöhnlich wird die Farbe als Grün beschrieben, was die normale Farbe des unteren Teils eines Polarlichts ist. Rot erscheint es häufig in seinen höheren Teilen, manchmal als rote Strahlen, aber etliche Menschen sehen diese Wellenlänge nur schwer. Während eines starken Leuchtens kann man auch violette Töne sehen.

Polarlichter sind sehr leicht mit einer Kamera auf einem Stativ zu photographieren. Mit einem Film der Empfindlichkeit 400 ASA und Blende 1.8 ergeben 15–30 Sekunden Belichtungszeit gute Bilder. Wenn das Erscheinungsbild sich schnell ändert, mögen kürzere Belichtungszeiten nötig sein, um nicht die Aufnahme ganz zu verwischen. Um Größenverhältnisse und Blickrichtung zu erkennen, ist es hilfreich, Objekte im Vordergrund mit aufzunehmen. Die meisten Bilder von Polarlichtern zeigen auch Sterne. Wie bei allen Aufnahmen des Himmels sollte man sich die Zeit genau notieren.

Grün und Rot sind die häufigsten Farben bei Polarlichtern

LEUCHTENDE NACHTWOLKEN

Die kurzen Nächte um die Sommer-Sonnenwende, die nicht vollständig dunkel werden, eignen sich nicht gut für Beobachtungen von schwachen Sternen oder Nebelobjekten; je weiter man nach Norden geht, desto stärker ist sogar noch um Mitternacht der Bogen von Dämmerlicht im Norden. Als Trost ist das gerade die richtige Jahreszeit, um leuchtende Nachtwolken am Nordhimmel zu sehen. Diese silbrig-weißen oder bläulichweißen Wolken sehen normalen Zirrus-Wolken ähnlich und treten gewöhnlich einige Male während der Jahreszeit auf.

Es sind dies die allerhöchsten Wolken in der Erdatmosphäre, die sich oberhalb der sogenannten Mesosphäre in ca. 82 km Höhe befinden. Das ist um ein Mehrfaches höher als normale Wolken, die man als dunkle Silhouetten gegen das Licht des Nachthimmels sieht und die meist unterhalb von 15 km Höhe zu finden sind (was man z. B. auf einer Flugreise selbst erkennen kann).

Leuchtende Nachtwolken sieht man nur, wenn man selbst im Dunkeln steht, die Wolken sich aber noch im Tageslicht befinden und von der Sonne, die sich dann unterhalb des Nordhorizonts befindet, von unten beleuchtet werden (in der Polarregion geht zu der Zeit die Sonne nie unter). Aus diesem Grund ist ihre Sichtbarkeit nach Süden hin auf etwa 50° nördliche Breite begrenzt. Die Wolken treten nur in einer dünnen Schicht auf und sind deshalb nur dann deutlich, wenn unsere Sichtlinie fast tangential an einem solchen Wolkenstreifen entlangstreicht; direkt über uns wären sie zu dünn, um erkennbar zu sein.

Diese Wolken zeigen normalerweise irgendeine Struktur wie z. B. Wellen, manchmal sind sie aber auch ein strukturloser Schleier. Ihre Erscheinung ändert sich mit der Zeit, teilweise weil sich die Richtung ihrer Beleuchtung während der Nacht ändert, teilweise weil sie sich mit den Höhenwinden bewegen. Diese Region unserer Atmosphäre ist noch wenig erforscht, so daß Beobachtungen von guten Amateuren von einigem wissenschaftlichem Wert sein können. Für lange Zeit war die Zusammensetzung der Wolken selbst zweifelhaft, heute aber wissen wir, daß sie aus Eiskristallen bestehen, wenn auch die genauen Bedingungen ihrer Entstehung noch unbekannt sind.

Leuchtende Nachtwolken sind mit gewöhnlichen Kameras leicht zu photographieren. Mit einem Farbfilm einer Empfindlichkeit von 200 ASA genügen gegen Mitternacht Belichtungszeiten von ca. 20 Sekunden; früher bzw. später in der Nacht sollten sie kürzer sein bis hinunter zu zwei Sekunden am Ende bzw. Anfang der Dämmerung. Für gute Bilder (ggf. von wissenschaftlichem Wert) benutze man ein Stativ. Von der einen zur nächsten Aufnahme kann man dann die Bewegung der Wolken erkennen. Photographiert ein Beobachter an einem anderen Ort die gleiche Erscheinung, so kann man über die Positionen mit Hilfe einfacher Trigonometrie Wolkenhöhen und Windgeschwindigkeiten bestimmen. Machen Sie die Aufnahmen, wenn möglich, z. B. zu jeder vollen Viertelstunde, sodaß Ihre Aufnahmen gegebenenfalls später mit denen anderer Leute verglichen werden können.

Typische Struktur leuchtender Nachtwolken

METEORE

Nahezu jeder, der schon einmal zu den Sternen geblickt hat, hat einen **Meteor** (oder auch Sternschnuppe) über den Himmel sausen sehen. Obwohl einige Meteore recht hell sind, werden doch die meisten durch winzige Körner interplanetaren Staubes erzeugt. Die wenigsten sind größer als eine Erbse, aber sie treffen auf das dünne Gas der Hochatmosphäre der Erde mit so hoher Geschwindigkeit (11–72 km/sek.), daß ihre äußeren Schichten schnell verdampfen und so das Leuchten verursachen. Die meisten Meteore treten in 70–100 km Höhe auf.

Die Namen dieser Objekte stiften manchmal Verwirrung. Draußen im Weltraum heißen sie **Meteoriten**, ganz gleich von welcher Größe; sie werden zu Meteoren, wenn sie zu leuchten beginnen. Übersteht ein Teil den Durchgang durch die Atmosphäre und erreicht den Erdboden, so heißt er wiederum Meteorit. Die allerkleinsten Teilchen (kleiner als ca. 0,1 mm Durchmesser, ein Millionstel Gramm) verdampfen nicht, diese **Mikrometeoriten** driften langsam zu Boden und können durch hochfliegende Flugzeuge oder Ballons eingefangen oder aus Polareisproben bzw. vom Meeresboden geborgen werden.

Viel größere Körper (mit einer Masse von mehr als 1 kg) werden zu Meteoriten, die am Erdboden von einigen Gramm bis zu vielen Tonnen wiegen können. Meist verliert der Körper seine

Die Spuren einer hellen Feuerkugel

ursprüngliche Geschwindigkeit durch Bremsung in der Atmosphäre und fällt schließlich fast senkrecht herunter, wobei er einen Aufschlagkrater hinterläßt. Solche Meteoriten (gleich welchen Typs) sind wissenschaftlich von großer Bedeutung, da sie uns Informationen über die Frühphasen unseres Sonnensystems geben, ja sogar über die Bedingungen vor seiner Entstehung (vor 4,6 Milliarden Jahren). Eine Reihe von Meteoriten stammen vom Mond und vom Mars, die meisten aber hält man für Bruchstücke sogenannter Kleinplaneten, die zusammen mit den großen die Sonne umkreisen. Die meisten sichtbaren Meteore (im Gegensatz zu den Meteoriten) werden dagegen von Teilchen verursacht, die die Kometen bei ihrem Weg durch das Sonnensystem »verlieren«.

Sehr große Körper (mit mehr als 1000 Tonnen) bleiben durch die Atmosphäre praktisch unbeeinflußt und treffen auf die Erde mit ihrer fast ursprünglichen Geschwindigkeit auf, wobei sie einen Einschlagkrater wie den berühmten Meteorkrater in Arizona oder die Krater auf dem Mond erzeugen.

Die Helligkeit der Meteore wird ebenso wie die der Sterne (S. 29) in »Größen« gemesen. Es braucht einige Erfahrung, um die »Größe« genau zu schätzen, aber dennoch werden Beobachtungen fortgeschrittener Amateure verwendet, um die ungefähren Größen und die Zahl der Meteore zu bestimmen, die zu einer bestimmten Jahreszeit in die Atmosphäre eintreten. Einige Meteore ziehen Spuren hinter sich, die ihren Weg markieren und Information über die Winde der oberen Atmosphäre liefern können.

Extrem helle Meteore (heller als -5), heller als Venus oder Jupiter, nennt man **Feuerkugeln**. Einige sind so hell, daß sie Schatten werfen, ja sogar den Vollmond (Größe -13) übertreffen können. Diese Feuerbälle sind bedeutsam, weil sie auf Meteoriten hinweisen, die so schnell wie möglich nach ihrem Fall zur wissenschaftlichen Untersuchung geborgen werden sollten.

Die meisten Meteore treten so hoch in der Atmosphäre auf, daß das Geräusch, das sie (wenn überhaupt) erzeugen, unbemerkt bleibt. Gelegentlich können allerdings Geräusche eine Feuerkugel begleiten (sie heißen dann **Boliden**), vor allem solche, die als Meteorite fallen. Dies ist dann gewöhnlich ein Überschallknall, da ein Meteor/it sich mit Überschallgeschwindigkeit bewegt und dabei, von Explosionen begleitet, in mehrere Teile zerbrechen kann. Wenn man die Zeit zwischen optischer und akustischer Erscheinung in Sekunden mißt und durch drei teilt, kann man die Entfernung in Kilometern schätzen.

Meteorschauer

Viele Meteore kommen aus beliebigen Himmelsrichtungen; diese **sporadischen Meteore** treten über das Jahr verteilt auf. Interessanter sind allerdings die Meteore, die von Kometen freigesetzt werden, sich über die gesamte Kometenbahn hinweg verteilen und die Erde zu einer bestimmten Zeit im Jahr treffen: die sogenannten **Meteorschauer**. Sie können mehrere Tage dauern, beginnen gewöhnlich mit einer kleinen Zahl, steigen zu einem Höhepunkt an und gehen dann in der Zahl wieder zurück. Die Tabelle weist einige bedeutende Schauer auf. Meteore sind nicht immer gleichmäßig auf der Bahn ihres Mutterkometen verteilt, sondern »geklumpt«, so daß in regelmäßigen Abständen größere Schauer oder sogar Meteor-Stürme stattfinden. Die berühmtesten sind die Leoniden mit einer Periode von 33 Jahren wie ihr Mutterkomet Tempel-Tuttle. 1966 wurde am Höhepunkt eine Rate von 140000 pro Stunde geschätzt. 1998 waren es ca. 250 pro Stunde, und für 1999 werden deutlich höhere Zahlen erwartet.

Die Meteorpartikel eines Schauers ziehen im Raum auf parallelen Bahnen; wegen der Perspektive scheinen ihre Spuren, wenn sie die Erde treffen, alle von einem einzigen Himmelsgebiet auszugehen, das man **Radiant** nennt. Die einzelnen Schauer sind nach dem Sternbild benannt, in dem ihr Radiant liegt. Die Leoniden z. B. scheinen aus dem Leo, die Perseiden aus dem Perseus zu kommen. Die Quadrantiden sind nach einem alten, heute nicht mehr gebräuchlichen Sternbild (Quadrans Muralis) benannt; ihr Radiant liegt in der Spitze des Bootes an der Grenze zum Draco.

Wie entscheidet man, ob ein Meteor zu einem Schauer gehört oder sporadisch ist? Am einfachsten nimmt man ein Stück Faden oder einen längeren geraden Stock und hält ihn über sich entlang der beobachteten Meteorspur. Streift die rückwärts verlängerte Spur innerhalb von ca. 4° die Position des Radianten, kann man sicher annehmen, daß der Meteor zum entsprechenden Schauer gehörte. Die Radiantenpositionen der größeren Schauer sind in den Karten der Sternzeichen verzeichnet.

Während eines Schauers sieht man die meisten Meteore, wenn man nicht direkt auf den Radianten, sondern an den Himmel etwa 45° entfernt (und ca. 45° über dem Horizont) blickt.

Ungefähre Daten von Meteorschauern

Quadrantiden	4. Jan.	1.–6. Jan.	15:28	+50	100
Lyriden	22. Apr.	19.–25. Apr.	18:08	+32	10
η Aquariden	5. Mai	4. Apr.–20. Mai	22:20	–01	35
δ Aquariden	28. Juli	15. Juli–20. Aug.	22:36	–17	20
(2. Radiant			22:04	+02	10)
Perseiden	12. Aug.	23. Juli–20. Aug.	03:04	+58	80
Orioniden	21. Okt.	16.–26. Okt.	06:24	+15	25
Tauriden	3. Nov.	20. Okt.–30. Nov.	03:44	+14	10
Leoniden	17. Nov.	15.–20. Nov.	10:08	+22	?
Geminiden	13. Dez.	7.–15. Dez.	07:28	+32	100

KÜNSTLICHE SATELLITEN

Künstliche Satelliten sind sichtbar, wenn der Beobachter in der Dunkelheit steht und die Satelliten von der Sonne angeleuchtet werden. Solche Bedingungen treten nach Sonnenuntergang bzw. vor Sonnenaufgang auf (im Sommer sogar während der ganzen Nacht). Satelliten können aufblitzen, je nachdem, wie sie sich drehen und das Sonnenlicht reflektieren, aber mit viel längeren Abständen als die schnell blinkenden Lichter eines hoch fliegenden Flugzeugs.

Vorhersagen für die hellsten Satelliten und für die bemannten Space Shuttle oder MIR werden in Zeitungen bekanntgegeben, obwohl die meisten Space Shuttle Missionen von Europa aus nicht zu sehen sind. Die Iridium-Satelliten erzeugen helle Leuchterscheinungen, wenn ihre großen flachen Paneele das Sonnenlicht reflektieren. Sie können Aufnahmen des Himmels zunichte machen, es sei denn, man verschiebt diese mitten in die Nacht, wenn die Satelliten sich im Erdschatten befinden.

KOMETEN

Obwohl zu jeder Zeit eine große Zahl von Kometen sichtbar ist, sind sie doch meist so schwach, daß man sie bestenfalls mit großen Teleskopen wahrnimmt. Mit der Ausnahme des Kometen Halley (1986, dann erst wieder 2061), sind helle Kometen nicht vorhersagbar. Großartige Objekte wie Hale-Bopp 1997 erscheinen ein- oder zweimal im Jahrhundert, und auf einen einigermaßen hellen wie 1996 Hyakutake muß man schon ein Jahrzehnt oder länger warten. Wenn Sie die Chance haben, einen Kometen zu beobachten, nutzen Sie sie!

Seien Sie nicht enttäuscht beim Anblick eines Kometen. Nur wenige zeigen spektakuläre Schweife, die leicht mit bloßem Auge zu sehen sind wie bei Hale-Bopp oder Hyakutake. Viele erscheinen nur als ein diffuser Lichtfleck. Dies ist der Kopf oder die **Coma** aus wolkigem Material (zumeist Staub), das der Komet in den Raum bläst. Kometen bestehen aus einer Mischung aus Staub und Eis – sie werden oft als »schmutzige Schneebälle« beschrieben –, und wenn sie in Sonnennähe gelangen und aufgeheizt werden, wird das Eis z.T. zu Gas, und Staub wird frei.

Der eigentliche Kometenkörper, der stets unsichtbar bleibt, ist nur ein paar Kilometer groß (Halley ca.17 km), während die Coma 10 000 km erreichen kann (immer noch ein winziger Fleck am Himmel). Mit leistungsfähigen Teleskopen ist es manchmal möglich, den sternähnlichen **Kern** im Zentrum der Coma zu beobachten, aber auch dies ist nicht der eigentliche Kometenkörper, sondern nur der hellste Teil der herausgeschleuderten Materie.

Die Helligkeit eines Kometen ist schwer vorauszusagen. Das liegt an der Natur der Kometen: Einige, besonders die, die sich zum ersten Mal der Sonne annähern, können extrem aktiv werden, indem sie große Mengen von Eis verdampfen und in den Raum hinausblasen. Andere, speziell die **periodischen Kometen** – v.a. die mit Perioden kürzer als 200 Jahre –, zeigen unter Umständen wenig Aktivität, da sie ihre flüchtigen Substanzen bereits über die Zeit hinweg verloren haben. Erwarten Sie nicht zu viel von solchen Vorhersagen. Die Helligkeitsangabe für Kometen (in Größen) schließt oft das Licht der gesamten ausgedehnten Fläche ein, deren äußere, schwache Teile für das bloße Auge und sogar das kleine Teleskop unsichtbar sind.

Nah bei der Sonne können Kometen einen oder oft zwei Schweife ausbilden, die beide von der Sonne weg zeigen (entfernt sich ein Komet wieder von der Sonne, so läuft der Schweif der Coma voraus). Der auffälligere der beiden Schweife ist oft breit und hat eine gelbliche Farbe (dies ist reflektiertes Sonnenlicht). Das ist der Staubschweif, der die enormen Ausmaße von Millionen von Kilometern erreichen kann. Das war auch das Auffälligste an Hale-Bopp. Die Partikel, die vom Kometen ausgestoßen werden, pflegen sich auf der Bahnebene zu verteilen; daher hängt das Aussehen von Staubschweifen wesentlich davon ab, wo sich die Teilchen relativ zu unserer Sichtlinie befinden. Einige Schweife können wie breite Fächer aussehen, andere wie krumme »Säbel«, andere wie schmale, gerade Spitzen. Ungleichmäßiges Ausstoßen von Staub kann den Schweif von einer Nacht zur anderen Nacht ganz anders aussehen lassen.

Der Komet Hyakutake zeigte einen hellen blauen Gasschweif

Der andere Schweiftyp ist der **Gasschweif**. Er ist meist fast gerade und zeigt direkt von der Sonne weg. Die Emission des Gases bringt seine blaue Farbe hervor, und manchmal lassen Lichtfahnen in ihm den Schweif doppelt oder mehrfach erscheinen. Dieser Gasschweif war bei Hale-Bopp sehr stark, wurde aber von vielen Beobachtern, die sich mit einem kurzen Blick zufrieden gaben, nicht wahrgenommen. Wer seine Augen richtig an die Dunkelheit adaptierte (S. 10), erkannte ihn leicht.

Kometen stammen aus einer riesigen Sphäre, die das Sonnensystem umgibt und sich erstreckt bis zum nächsten halben Weg zu den Sternen; sie ist als Oort'sche Wolke bekannt. Ihre Bahnen verlaufen beliebig im Raum, so daß sie aus jeder Richtung in das Innere des Sonnensystems treten. Anders also als die Planeten, sind sie nicht auf die Tierkreisregion beschränkt, sondern ihre Bahnen können über jeden Teil des Himmels führen. In den letzten Jahren hatten wir Glück, da etliche Kometen dicht an Polaris vorbeizogen und für uns zirkumpolar und die ganze Nacht über zu sehen waren.

Das Zodiakallicht

Der Staub aus Kometen läßt nicht nur die Meteore entstehen, sondern trägt auch zu einer Scheibe interplanetaren Staubes bei, deren Mittelebene ungefähr mit der Ekliptik zusammenfällt. Dieser Staub streut Sonnenlicht und produziert so ein Phänomen, das wir als Zodiakallicht kennen. Wenn der Himmel zur Zeit des Frühlingsäquinox im Westen bzw. zur Zeit des Herbstäquinox im Osten sehr dunkel und klar ist, kann man unter Umständen nach Sonnenunter- bzw. vor Sonnenaufgang das Glück haben, einen Lichtkegel zu beobachten, der seine Basis am Horizont hat und entlang der Ekliptik weist. Dieser Kegel ist Teil einer elliptischen Fläche von Streulicht, das zur Sonne hin zentriert ist.

Der Staub, der das Zodiakallicht hervorruft, liegt innerhalb der Erdbahn. Bei herausragend klarem, dunklem Himmel kann man vielleicht auch einen schwachen Schein am der Sonne gegenüberliegenden Teil des Himmels ausmachen: Das ist der **Gegenschein**, verursacht ebenfalls von Staub, der sich allerdings außerhalb der Erdbahn befindet.

Sowohl Zodiakallicht als auch Gegenschein sind selten zu sehen, viele erfahrene Astronomen haben beide nie gesehen.

Der Komet Hale-Bopp besaß einen starken Gas- und Staubschweif

Unter wirklich exzeptionellen Bedingungen kann man eine schmale Brücke aus Streulicht (das **Zodiakalband**) zwischen Zodiakallicht und Gegenschein erkennen.

STERNE UND NEBELOBJEKTE

Die Farbe von Sternen ist häufig schon für das bloße Auge offensichtlich. Die Farbe eines Sterns bestimmt sich aus seiner Oberflächentemperatur: Blau-weiße Sterne wie Rigel sind heißer als gelbe Sterne wie die Sonne, die wiederum heißer sind als rote Sterne wie Beteigeuze (S. 222). Sterne variieren erheblich in ihren Ausmaßen, aus historischen Gründen teilt man sie in Zwerge, Riesen und Überriesen ein.

Die Sonne (ein Zwerg) ist von durchschnittlicher Größe mit ca. 1 400 000 km Durchmesser. Riesen sind einige zehnmal und die größten Überriesen bis zu tausendmal so groß (S. 180 und 220). Die Sterne, die Weiße Zwerge genannt werden, sind viel kleiner, nur einige 1000 km im Durchmesser und sind kaum mit Amateurfernrohren zu finden.

Sterne treten häufig als **Doppelstern**-Systeme auf, wenn zwei Sterne gravitativ aneinander gebunden sind und sich gegenseitig umkreisen. Ebenso gibt es Mehrfachsysteme mit drei, vier, fünf oder mehr Sternen. Liegen zwei Sterne zufällig nahe der gleichen Sichtlinie – obwohl möglicherweise in ganz verschiedenen Entfernungen –, bilden sie ein scheinbares Paar (S. 204).

Viele Sterne ändern ihre Helligkeit. Diese Veränderlichen Sterne (S. 218) tun dies aus einer Fülle verschiedener Gründe, die zu kompliziert sind, um sie hier zu erklären. Viele, so wie δ Cephei (S. 194) und Mira (S. 196) pulsieren, d. h. sie expandieren und kontrahieren regelmäßig oder unregelmäßig. Andere zeigen plötzliche und unvorhersehbare Ausbrüche. Die hellsten, **Novae** oder **Supernovae**, können den Anblick eines Sternbildes oder einer Galaxie völlig verändern.

Die Entfernungen von Sternen werden oft in Lichtjahren angegeben. Ein Lichtjahr ist eine Strecke, kein Zeitraum – die Strecke, die das Licht (mit seiner Geschwindigkeit von ca. 300 000 km/sek.) in einem Jahr zurücklegt (etwa 10 Billionen km). Der nächste Stern ist circa 4,3 Lichtjahre entfernt. Zum Vergleich: Das Licht legt die mittlere Distanz zwischen Erde und Sonne (149 597 870 km) in gerade 8 Minuten 19 Sekunden zurück!

Sternhaufen

Sterne treten oft in Haufen auf. **Offene Haufen** sind unregelmäßige Sternanhäufungen mit zehn bis ein paar 100 Mitgliedern. Sie sind alle ungefähr gleichzeitig aus einer Wolke aus interstellarem Gas und Staub entstanden. Ein berühmtes Beispiel sind die Pleiaden (S. 244), andere sind auf S. 192 aufgelistet.

Kugelsternhaufen (S. 200) können Tausende von Sternen enthalten, in einem kugelförmigen Gebiet im Raum dicht gepackt. Nur die größten Teleskope können sie in Einzelsterne auflösen, die zu den ältesten Objekten in unserer Milchstraße gehören.

Nebel

Wolken aus Gas und Staub kennen wir als **Nebel** (S. 234). Staubwolken sind dunkel und absorbieren das Licht dahinter stehender Sterne. Die berühmteste **Dunkelwolke** ist der Kohlensack, sichtbar nur auf der Südhalbkugel; der große Dunkelstreifen im Cygnus (S. 202) erklärt sich auf die gleiche Weise.

Galaxien

Galaxien sind riesige Systeme so wie unsere Milchstraße, Tausende von Lichtjahren im Durchmesser mit Milliarden von Sternen. Viele, wie unsere Milchstraße oder M 31 in Andromeda (S. 168) und M 33 im Triangulum (S. 174), sind abgeflachte Scheiben mit Spiralarmen und einem zentralen Wulst. Die Sonne liegt innerhalb der Scheibe unserer Galaxis, deren Projektion am Himmel wir als Band der Milchstraße sehen.

Andere Galaxien sind sphärisch oder elliptisch ohne abgeflachte Scheibe, so z. B. die Riesengalaxie M 87 in der Virgo (S. 200).

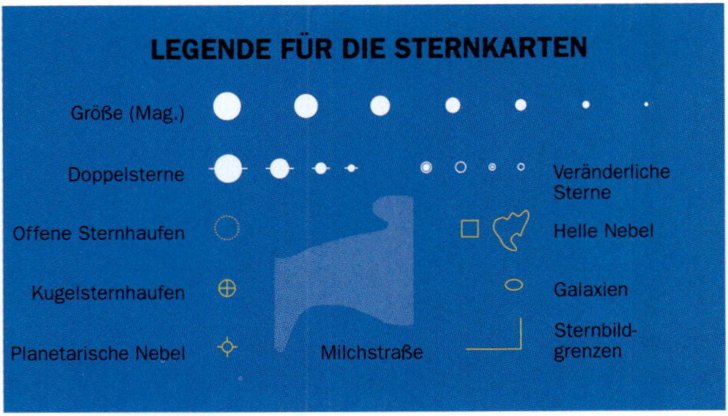

J	F	M	B	M	J
J	A	S	O	N	D

STECKBRIEF

UM 22 UHR IM SÜDEN:
10. Nov.

FLÄCHE:
722 □° (19.)

VERÄNDERLICHE STERNE:
R And

OFFENE HAUFEN:
NGC 752

GALAXIEN:
M 31, M 32, M 101

ANDROMEDA

Andromedae • And

Obwohl keiner der Sterne heller als 2. Größe ist, ist das Sternzeichen leicht zu erkennen. Die hellsten Sterne verlaufen in einer Linie von α (Alpheratz oder Sirrah) an der Nordostecke des Pegasus über δ, β (Mirach) zu γ (Alamak). In der Mythologie stellte das Sternzeichen Andromeda dar, die schöne Tochter von Cepheus (S. 194) und Cassiopeia (S. 192), den Herrschern Äthiopiens. Als Cassiopeia mit deren Schönheit prahlte, verglichen mit der der Töchter des Poseidon, sandte der erzürnte Gott den Walfisch (Cetus, S. 196), das Land zu verwüsten. Ein Orakel warnte, daß nur das Opfer der Andromeda das Königreich retten könne, und so wurde sie an einen Felsen an der Küste angekettet, bis Perseus (S. 230) sie rettete.

Bei klarem Himmel kann man die Große Andromeda-Galaxie (M 31) leicht mit bloßem Auge als nebligen Fleck erkennen. Man findet sie, wenn man von Mirach ausgeht und der Linie der zwei schwächeren Sterne μ und ν folgt. Ein Feldstecher zeigt sie klarer, aber auch noch ohne Details. Das Licht dieser riesigen Galaxie, die noch größer als unsere Milchstraße ist, brauchte ca. 2,3 Millionen Jahre bis zu uns. Sie hat zwei Begleitgalaxien: M 32 ist bei hervorragenden Bedingungen manchmal in einem starken Feldstecher zu sehen, M 101 ist nur mit dem Teleskop zu finden. Der Offene Haufen NGC 752 fast exakt südlich von γ (Alamak) wird am besten im Feldstecher beobachtet, weil er großflächig und recht hell ist.

CASSIOPEIA
CYGNUS
LACERTA
ANDROMEDA
PERSEUS
TRIANGULUM
ARIES
PISCES
PEGASUS
Algol
Almaak
Mirach
Alpheratz
Andromeda Galaxie
M31
M110
M32
891
752
56
7662
51
Ekliptik
3h
2h
1h
0h
23h
22h
+50°
+40°
+30°
+20°

J	F	M	A	M	J
J	A	S	O	N	D

STECKBRIEF

Um 22 Uhr im Süden:
10. Okt.

Fläche:
980 □° (10.)

Kugelsternhaufen:
M 2

Meteore:
η Aquariden (24. Apr. – 20. Mai, Höhepunkt 5. Mai)
δ Aquariden (15. Juli – 20. Aug., Höhepunkt 28. Juli)

Aquarius

Aquarii • Aqr • Der Wassermann

Dieses Tierkreiszeichen ist sehr alt und wurde sogar schon in Babylon als Wasserträger gesehen, der Wasser aus seinem Krug (die »Y«-förmige Sterngruppe von γ, η, ζ und π) goß. Man stellte sich vor, daß das Wasser nach Südosten hinab auf den hellen Stern Fomalhaut im Piscis Austrinus zulief. Man vermutet, daß die ursprüngliche Assoziation mit dem Wasser zustandekam, weil β Aquarii im Osten gerade vor Sonnenaufgang erstmals wieder zu sehen war, wenn die Regenzeit begann.

Die Sterne dieses Bildes erscheinen uns relativ schwach, aber sowohl α (Sadalmelek) als auch β (Sadalsud) sind tatsächlich sehr leuchtkräftige gelbe Überriesen. Obwohl ihre Oberflächentemperaturen ähnlich der Sonne sind, ist jeder der beiden 120mal größer und leuchtet ca. 30 000mal heller. Sie erscheinen lediglich so schwach, weil sie etwa 759 bzw. 612 Lichtjahre von uns entfernt sind.

Nördlich von Sadalsud liegt M 2, ein mäßig heller Kugelsternhaufen, der Tausende von Sternen enthält und ca. 40 000 Lichtjahre entfernt ist.

Zwei schöne Meteorströme haben ihren Radianten im Aquarius. Die η Aquariden, die im Mai ihr Maximum haben, zeigen eine höhere Rate als die der zwei Ströme der δ Aquariden zusammen, die ihren Höhepunkt im Juli erreichen. Leider ist keiner der Schauer von unseren Breiten aus günstig zu beobachten.

AQUARIUS
PISCES
PEGASUS
EQUULEUS
DELPHINUS
AQUILA
Altai
CETUS
SCULPTOR
PISCIS AUSTRINUS
CAPRICORNUS
SAGITTARIUS
Fomalhaut
Ekliptik
+10°
0°
−10°
−20°
0h
23h
22h
21h
20h
Sadalmelik
Sadachbia
Sadalsuud
Albali
Skat
ζ Aquariden
δ Aquariden
δ Aquariden
M2
M72
M73
7009
7293
α
β
γ
δ
ε
ζ
η
ϑ
ι
κ
λ
μ
ν
ο
π
ρ
σ
τ2
υ
φ
χ
ψ1
ψ2
ψ3
ω1
ω2
R
3
86
88
98
99

J	F	M	A	M	J
J	A	S	O	N	D

STECKBRIEF

Um 22 Uhr im Süden:
30. Aug.

Fläche:
652 □° (22.)

Veränderliche Sterne:
η Aql

Offene Sternhaufen:
NGC 6709,
(M 11 im Scutum)

Aquila

Aquilae • Aql • Der Adler

Aquila ist ein weiteres antikes Sternbild, das von den Babyloniern stammt. Es wurde später mit dem römischen Gott Jupiter assoziiert, der im Kampf mit den Titanen seine Blitze trägt. Auch Ganymed kam in den Himmel, wo er der Mundschenk des Gottes wurde, später unsterblich gemacht als Sternbild Aquarius.

Atair, α Aquilae, ist einer der drei Sterne des Sommerdreiecks (S. 77). Wegen seiner relativen Nähe von nur 17 Lichtjahren ist er recht hell. Im η Aquilae bei einer Distanz von 1173 Lichtjahren ist einer der (absolut) hellsten bekannten Cepheiden-Variablen (S. 194) mit einer Periode von ca. 7,18 Tagen; im Maximum ist er von ähnlicher Helligkeit wie δ (Deneb Okab), im Minimum wie ι Aquilae.

NGC 6709 ist ein recht dichter Offener Sternhaufen, sichtbar gegen den Hintergrund der Milchstraße, etwas westlich des dunklen Staubstreifens, der den Ausläufer des großen Cygnus-Streifens (S. 202) bildet. Den Sternhaufen M 11 im Scutum findet man vielleicht am leichtesten, indem man sich von λ Aquilae aus von Stern zu Stern vortastet.

CYGNUS
LYRA
+30°
21h
20h
19h
HERCULES
VULPECULA
+20°
SAGITTA
ρ
ε
ζ
φ
χ
ω1
γ
+10°
ο
Tarazed
6709
DELPHINUS
α
Altair
ξ
R
α
β
Alshain
α
SERPENS
CAUDA
α
η
α
0°
71
ϑ
ι
AQUILA
λ
12
M11
κ
−10°
AQUARIUS
SCUTUM
−20°
Ekliptik
CAPRICORNUS
−30°
SAGITTARIUS
MICROSCOPIUM

J	F	M	A	M	J
J	A	S	O	N	D

STECKBRIEF (Ari)

Um 22 Uhr im Süden:
20. Nov.

Fläche:
441 □° (39.)

STECKBRIEF (Tri)

Um 22 Uhr im Süden:
20. Nov.

Fläche:
132 □° (78.)

Galaxien:
M 33

Aries

Arietis • Ari • Der Widder

Triangulum

Trianguli • Tri • Das Dreieck

Seit etwa 3000 Jahren wird Aries vereinbarungsgemäß als erstes Sternbild im Tierkreis angesehen. Damals lag in diesem Sternbild der Punkt des Himmel, in dem die Sonnenmitte zum Frühlingsbeginn (S. 24) den Himmelsäquator von Süden nach Norden überquert. Wegen der Präzession (S. 25) liegt der Frühlingspunkt (auch Widderpunkt genannt) heute im benachbarten Sternbild Pisces (Fische). In der Mythologie ist Aries der Widder, dessen Vlies zu Gold wurde und der deshalb von Jason und den Argonauten gejagt wurde.

Das andere hier gezeigte kleine Sternbild, das Triangulum, ist sehr alt. Warum gerade diese drei (recht schwachen) Sterne zu einem Sternbild zusammengefaßt wurden, wo auch viele andere Dreiergruppen hätten gewählt werden können, bleibt ein Rätsel.

M 33 ist eine Spiralgalaxie innerhalb der Lokalen Gruppe, zu der neben der Milchstraße auch M 31 in der Andromeda gehört. Unter außergewöhnlich guten Bedingungen kann M 33 gerade noch mit bloßem Auge wahrgenommen werden – und ist damit das am weitesten (ca. 2,7 Millionen Lichtjahre) entfernte Objekt, das ohne instrumentelle Hilfe zu sehen ist. Sogar mit dem Fernglas bleibt es allerdings ein schwieriges Objekt, weil es ca. 1° (vier Vollmondflächen) groß ist; seine Sterne sind nicht, wie in M 31, auf ein engeres Gebiet konzentriert, so daß seine Flächenhelligkeit viel schwächer ist.

CASSIOPEIA
+50°
4h
3h
2h
1h
ANDROMEDA
Algol
+40°
PERSEUS
TRIANGULUM
R
925
M33
+30°
41
Pleiaden
ARIES
Hamal
RR
Sheratan
+20°
Mesarthim
TAURUS
Ekliptik
PISCES
+10°
0°
Mira
CETUS
–10°
ERIDANUS

J	F	M	A	M	J
J	A	S	O	N	D

STECKBRIEF

Um 22 Uhr im Süden:
10. Jan.

Fläche:
657 □° (21.)

Veränderliche:
ε, ζ

Offene Sternhaufen:
M 36, M 37, M 38

Auriga

Aurigae • Aur • Fuhrmann

Obwohl als Sternzeichen eines Fuhrmanns aus Babylon überliefert, wird die mythologische Gestalt generell mit Erichthonius assoziiert, der wie sein Vater, der Gott Hephaistos (Vulkan), ein Krüppel war und den Wagen erfand, um sich umherzubewegen. Die Bezeichnung von Capella (»kleine Geiß«) als eine Ziege entstand wahrscheinlich aus einem Mißverständnis des griechischen Wortes für Sturm, den das Sternbild symbolisieren sollte. Die »Zicklein« (ε, η und ζ) wurden später als Ergänzung dieser Gruppe hinzugefügt. Capella, α Aur, besteht tatsächlich aus zwei Riesensternen, die sich so nahe umrunden, daß selbst die größten Teleskope sie nicht trennen können.

Zwei der »Zicklein« sind bemerkenswert: ε Aurigae ist ein Bedeckungsveränderlicher (S. 230) mit der längsten bekannten Periode (über 27 Jahre); die letzte Bedeckung war 1983/84. Trotz intensiver Forschung blieb die Natur des Bedeckungsveränderlichen ein Rätsel. ζ Aurigae ist ebenfalls ein Bedeckungsveränderlicher mit einer Periode von 972,16 Tagen. Beide Sterne sind Überriesen (S. 166) mit dennoch sehr unterschiedlicher Größe, einer fünfmal, der andere ca. 200mal größer als die Sonne. An die Stelle der Sonne versetzt, würde er fast die Erdbahn ausfüllen.

Drei offene Sternhaufen sind im Feldstecher zu sehen. M 36 und M 38 können vom Stern ϑ aus aufgesucht werden, M 36 ist der kleinere und hellere von beiden. M 37 ist größer, fast vollmondgroß, und sehr schön in kleinen Teleskopen zu sehen.

9h
8h
7h
6h
5h
4h
2h
+70°
+60°
+50°
+40°
+30°
+20°
+10°
CAS
URSA MAJOR
CAMELOPARDALIS
LYNX
PERSEUS
Capella
Menkalinan
PU
2281
UU
AURIGA
M38
AE
M36
M37
RT
Alnath
β (Tau)
GEMINI
TAURUS
Ekliptik
Aldebaran
ORION
Betelgeuse
MONOCEROS

J	F	M	A	M	J
J	A	S	O	N	D

STECKBRIEF

Um 22 Uhr im Süden:
30. Mai

Fläche:
907 □° (13.)

Doppelsterne:
μ, ν

Veränderliche Sterne:
W

Meteore:
Quadrantiden:
1.–6. Jan.
(Höhepunkt: 4. Jan.),
helle bläulich- und
gelblich-weiße Meteore

Bootes

Bootis • Boo • Bärenhüter

In der Sage soll Bootes sich einen Platz am Himmel für die Erfindung des Pfluges verdient haben. In einer anderen Version soll er, die Canes Venatici (Jagdhunde) an seiner Leine, die zwei Bären Ursa Maior und Ursa Minor über den Himmel hinweg gejagt haben. Der Name Arcturus wurde einst auf das ganze Sternbild bezogen, nicht nur auf α Bootis, und bedeutet auch »Bärenhüter«.

Arcturus ist der hellste Stern des Nordhimmels und der vierthellste überhaupt. Weil er so hell ist, fällt seine gelb-orange Farbe auf (erst recht im Feldstecher).

Es gibt viele Doppelsterne im Bootes. Das Fernglas zeigt μ getrennt, der Schwächere davon ist selbst wieder doppelt (nur im großen Teleskop zu sehen). ν Boo besteht aus einem weißen und einem orangefarbenen Stern, die beide wiederum Mehrfachsysteme sind.

W Bootis, nahe ε, ist ein Roter Riese und variabel mit halb regelmäßiger Periode. Obwohl er jederzeit im Feldstecher sichtbar bleibt, ist er schwierig zu studieren, da sein Helligkeitswechsel recht gering ist (kleiner als eine Größenklasse) und seine Farbe unerfahrenen Beobachtern Schwierigkeiten bereiten kann.

Einer der zuverlässigsten Meteorschauer, die Quadrantiden, hat seinen Radianten im Bootes nahe der Grenze zum Draco. Der Schauer ist nach einem alten Sternbild benannt, dem Quadrans Muralis (Mauerquadrant), einem astronomischen Instrument, das – wie der Sternbildname – nicht mehr verwendet wird.

17h
16h
15h
14h
13h
+70°
DRACO
URSA
MAJOR
HERCULES
Quadrantiden
ϑ
κ
ι
+60°
44
λ
+50°
CANES
VENATICI
φ
ν2
ν1
β
Nekkar
Seginus
γ
Alkalurops
μ
γ
+40°
ρ
σ
β
COMA
BERENICES
β
ε
Izar
W
β
CORONA
BOREALIS
BOÖTES
+30°
ξ
α
Arcturus
η
τ
υ
ο
π
ζ
+20°
SERPENS
CAPUT
0°
VIRGO
15h
14h

J	F	M	A	M	J
J	A	S	O	N	D

STECKBRIEF

UM 22 UHR IM SÜDEN:
1. Jan.

FLÄCHE:
757 □° (18.)

VERÄNDERLICHE STERNE:
VZ

CAMELOPARDALIS

Camelopardalis • Cam • Giraffe

Camelopardalis ist ein relativ junges Sternbild, das 1613 von Petrus Plancius vorgeschlagen wurde, um eine große leere Fläche zwischen den zirkumpolaren Sternbildern zu füllen. Es wurde 1624 in den Atlas von Jakob Bartschius aufgenommen. Alle Sterne hier sind schwach (der hellste ist β mit der Größe 4,0), so daß jedwede Gestalt schwierig auszumachen ist.

α Cam ist ein bläulich-weißer Überriese, der aber so weit weg ist (6940 Lichtjahre), daß er sogar etwas schwächer (4,3) als β erscheint. VZ Cam an der nördlichen Grenze bei Polaris ist ein irregulärer Veränderlicher, der zwischen den Größen 4,8 und 5,2 variiert und somit stets im Feldstecher sichtbar bleibt. Der geringe Wechsel ist aber nicht leicht zu erkennen.

Überriesen

α Aquarii	β Aquarii	η Aquilae	ζ Aurigae
α Camelopardalis	δ Cephei	α Cygni	μ Cephei
R Coronae Borealis	ζ Geminorum	α Herculis	α Orionis
β Orionis	ε Pegasi	α Scorpii	α Ursae Minoris

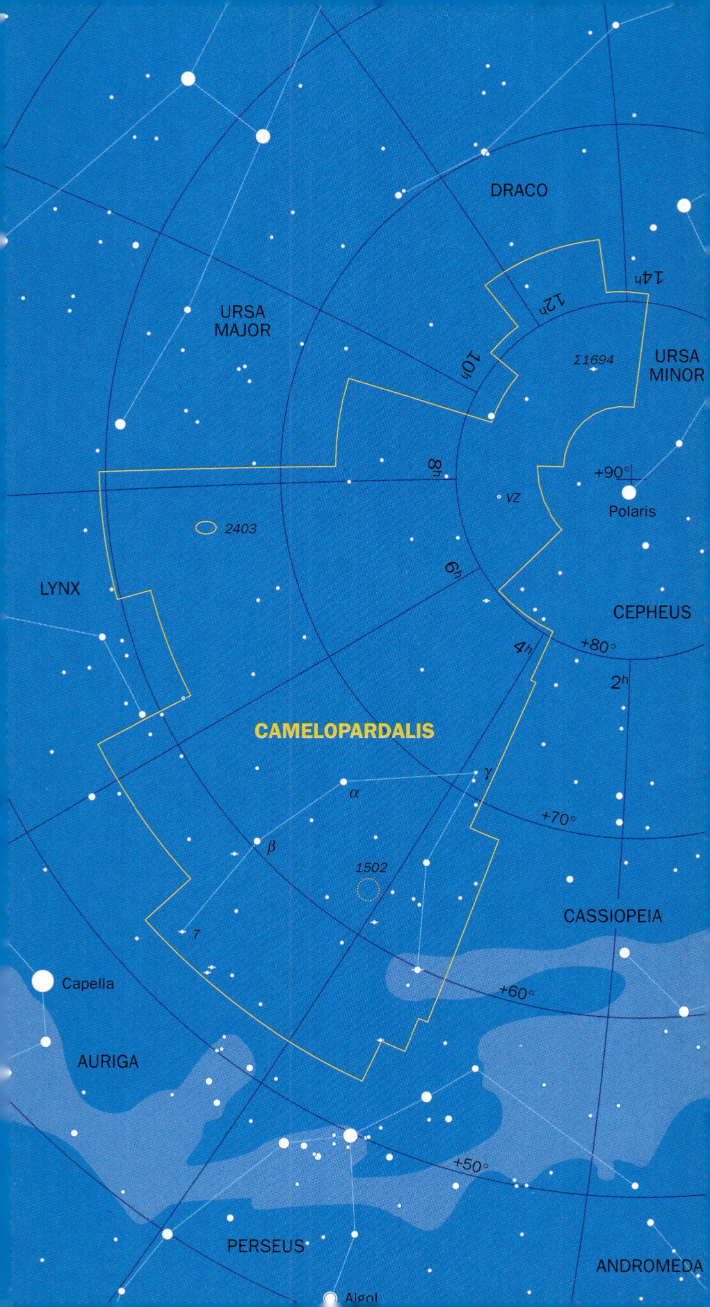
DRACO
URSA MAJOR
URSA MINOR
Σ1694
14h
12h
10h
8h
6h
4h
2h
+90°
Polaris
VZ
2403
LYNX
CEPHEUS
+80°
CAMELOPARDALIS
γ
α
β
+70°
1502
7
CASSIOPEIA
Capella
+60°
AURIGA
+50°
PERSEUS
ANDROMEDA
Algol

J	F	M	A	M	J
J	A	S	O	N	D

STECKBRIEF

Um 22 Uhr im Süden:
5. März

Fläche:
506 □° (31.)

Offene Sternhaufen:
M 44, M 67

Cancer

Cancri • Cnc • Krebs

Cancer ist das am wenigsten auffällige Tierkreisbild, war aber vor 2000 Jahren, als es erstmals beschrieben wurde, recht wichtig, da sich in diesem Sternbild der Punkt des Sommer-Sonnenhöchststands befand. Wegen der Präzession (S. 25) wanderte dieser höchste Punkt der Ekliptik durch die Gemini und ist nun im Taurus angekommen. Eine Verbindung mit der Vergangenheit bleibt in dem Namen »Wendekreis des Krebses«, wo die Sonne bei ihrem Sommerhöchststand mittags direkt im Zenit steht.

Das bemerkenswerteste Objekt ist der offene Sternhaufen Praesepe (Krippe), M 44, auch bekannt als »Bienenkorb-Haufen«. Er ist mit 1,5° Durchmesser sehr groß und als Nebelfleck mit bloßem Auge zu finden, am besten aber mit dem Feldstecher zu beobachten. Dann erkennt man das hellste Mitglied, ε Cancri (Größe 6,3), und γ und δ Cancri direkt nördlich und südlich davon: Asellus Borealis (»nördlicher Maulesel«) und Asellus Australis (»südlicher Maulesel«), die aus der Krippe fressen.

M 67 ist ein weiterer Offener Haufen, konzentrierter und nur 0,5° groß. Um ihn in Sterne aufzulösen, braucht man ein Teleskop.

Drei der hellsten Sterne sind größer als die Sonne: β, ein orangefarbener Riese (S. 166), der hellste Stern im Cancer (Größe 3,5); δ (Asellus Australis) ist etwas kleiner (ein Unterriese) mit 3,9, und ι ist ein Gelber Riese mit 4,0. Er hat einen Begleiter mit der Größe 6,6, der im Fernglas zu erkennen ist.

+50°
URSA MAJOR
LYNX
+40°
10h
9h
8h
7h
LEO MINOR
Castor
+30°
σ3
σ2
RS
τ
ι
ρ2
Pollux
χ
GEMINI
LEO
CANCER
ν
λ
ξ
γ Asellus Borealis
μ
Ekliptik
+20°
M44
η
δ
ϑ
Asellus Australis
ζ
π
o1
α
Acubens
M67
+10°
κ
β
Procyon
CANIS MINOR
0°
SEXTANS
HYDRA
MONOCEROS
-10°
PUPPIS

J	F	M	A	M	J
J	A	S	O	N	D

STECKBRIEF (CVn)

UM 22 UHR IM SÜDEN:
5. Mai

FLÄCHE:
465 □° (38.)

VERÄNDERLICHE STERNE:
Y

KUGELSTERNHAUFEN:
M 3

STECKBRIEF (Com)

UM 22 UHR IM SÜDEN:
5. Mai

FLÄCHE:
386 □° (42.)

CANES VENATICI

Canum Venaticorum • CVn • Jagdhunde

COMA BERENICES

Comae Berenices • Com • Haar der Berenice

Diese zwei kleinen Sternbilder liegen unter dem Schwanz von Ursa Maior und sind beide relativ jung. Canes Venatici sind zwei Jagdhunde an der Leine des Bootes, die Ursa Maior und Minor jagen. Das Sternbild wurde von dem Danziger Astronomen Jan Hewelke (Hevelius) 1687 vorgeschlagen. α CVn ist in England auch als Cor Caroli (Charles' Herz) bekannt, nach dem hingerichteten König Karl I.

M 3 dicht an der Grenze zum Bootes ist ein schöner Kugelsternhaufen gerade an der Sichtbarkeitsgrenze für das bloße Auge, aber gut erkennbar im Feldstecher. Er besteht aus Tausenden von Sternen und ist 32200 Lichtjahre entfernt.

Coma Berenices ist auch ein »modernes« Sternbild, geschaffen vom Kartographen Gerhard Mercator 1551 aus Teilen des Leo. Es stellt eine Haarlocke der Königin Berenice von Ägypten dar, die sie als Dank für die glückliche Rückkehr ihres Gatten Ptolemäus III. anbietet. Die meisten der verstreuten schwachen Sterne gehören zu einer losen Gruppe, bekannt als Coma-Sternhaufen. Beide Sternbilder hier enthalten eine riesige Anzahl ferner Galaxien, die aber zu schwach für den Feldstecher sind.

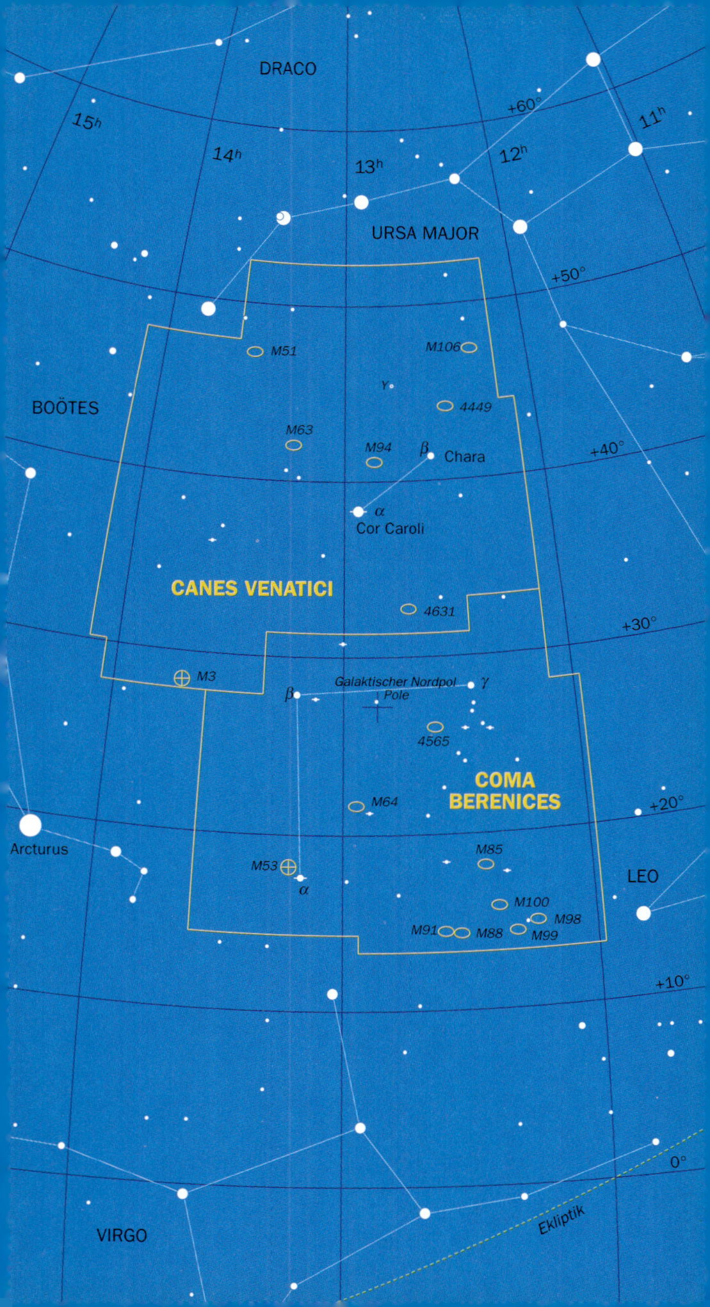

DRACO
15h
14h
13h
12h
11h
+60°
URSA MAJOR
+50°
BOÖTES
M51
M106
γ
4449
M63
M94
β
Chara
+40°
α
Cor Caroli
CANES VENATICI
4631
+30°
M3
Galaktischer Nordpol
Pole
β
γ
4565
COMA
BERENICES
M64
+20°
Arcturus
M85
M53
α
LEO
M100
M98
M91
M88
M99
+10°
0°
Ekliptik
VIRGO

J	F	M	A	M	J
J	A	S	O	N	D

STECKBRIEF (CMa)

UM 22 UHR IM SÜDEN:
5. Feb.

FLÄCHE:
380 □° (43.)

OFFENE STERNHAUFEN:
M 41, NGC 2362

STECKBRIEF (Lep)

UM 22 UHR IM SÜDEN:
15. Jan.

FLÄCHE:
290 □° (51.)

VERÄNDERLICHE STERNE:
R

CANIS MAIOR

Canis Maioris • CMa • Großer Hund

LEPUS

Leporis • Lep • Hase

Canis Maior wird von Sirius dominiert, dem hellsten Fixstern des gesamten Himmels. Er war für die alten Ägypter von großer Bedeutung, da er, wenn er im Spätsommer zum ersten Mal wieder kurz vor Sonnenaufgang am Morgenhimmel sichtbar wurde, die Nil-Flut ankündigte, die jährlich die Felder mit fruchtbarem Schlamm überzog. Dieser »heliaktische Aufgang« markierte den Beginn des ägyptischen Kalenderjahres.

Sirius wird von Sirius B begleitet, dem ersten entdeckten Weißen Zwerg, dessen Materie so dicht ist, daß ein Teelöffel davon auf der Erde vier Tonnen wiegen würde. Leider ist er nur in den allergrößten Amateurfernrohren zu sehen.

Ca. 4° südlich von Sirius liegt M 41, ein schöner, recht kompakter Offener Sternhaufen mit ca. 50 Sternen auf einer Fläche etwa von der Größe des Vollmondes. Weiter südlich steht ein weiterer Offener Haufen, NGC 2362, der sich um den bläulich-weißen τ CMa zu gruppieren scheint. Tatsächlich ist τ CMa ein Vordergrundstern (3200 Lichtjahre entfernt), während NGC 2362 viel weiter weg liegt (5000 Lichtjahre).

Das kleine Sternbild Lepus stellte einst den Stuhl des Orion dar, da dieser aber ein Jäger war, schien es später angemessener, das Bild als Hase zu seinen Füßen zu interpretieren. Sein bemerkenswertester Stern ist der Veränderliche R Leporis, der im Maximum mit bloßem Auge sichtbar ist. Er ist einer der rötesten Sterne am Himmel; seine Farbe wirkt im Feldstecher noch deutlicher.

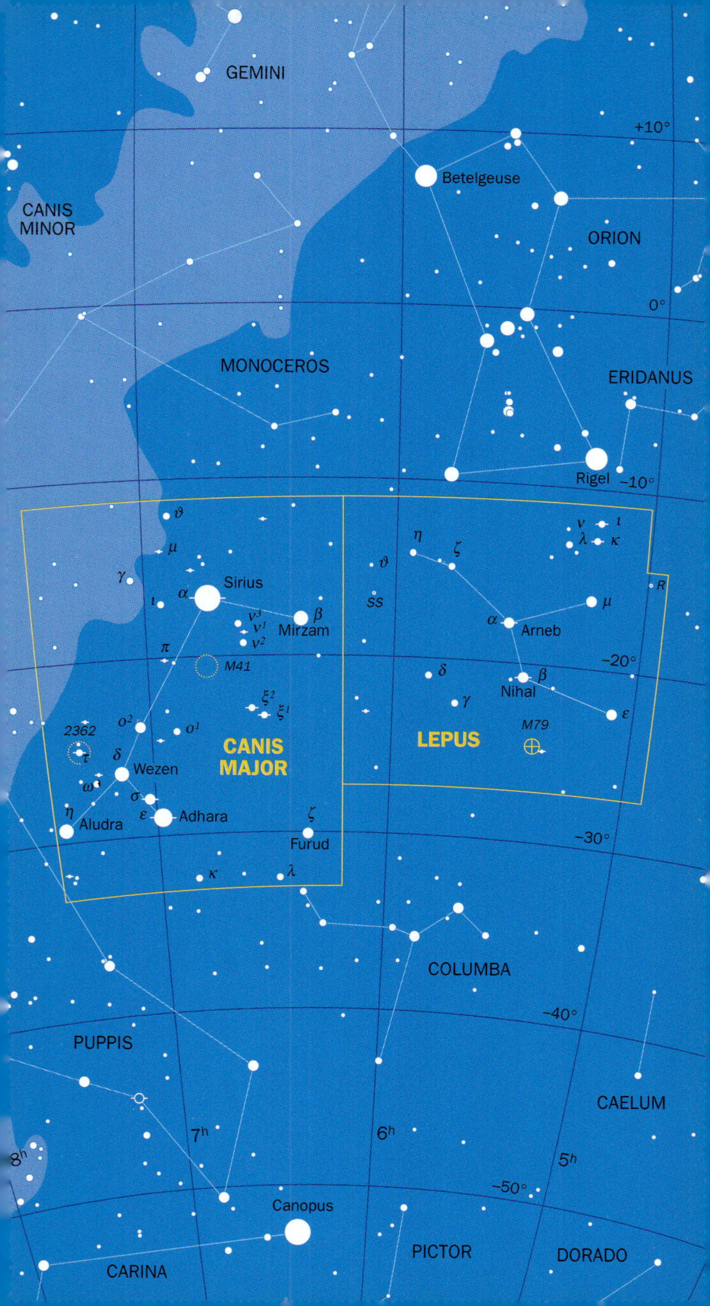

GEMINI
CANIS MINOR
+10°
Betelgeuse
ORION
0°
MONOCEROS
ERIDANUS
Rigel
-10°
Sirius
Mirzam
M41
CANIS MAJOR
2362
Wezen
Adhara
Aludra
Furud
Arneb
Nihal
-20°
M79
LEPUS
SS
R
-30°
COLUMBA
-40°
PUPPIS
CAELUM
7h
6h
5h
8h
-50°
Canopus
CARINA
PICTOR
DORADO

J	F	M	A	M	J
J	A	S	O	N	D

Canis Minor

Canis Minoris • CMi • Kleiner Hund

STECKBRIEF (CMi)

Um 22 Uhr im Süden:
15. Feb.

Fläche:
183 □° (71.)

Monoceros

Monocerotis • Mon • Einhorn

STECKBRIEF (Mon)

Um 22 Uhr im Süden:
5. Feb.

Fläche:
482 □° (35.)

Doppelsterne:
δ

Offene Sternhaufen:
M 50, NGC 2232, NGC 2264, NGC 2301

Das winzige Sternbild Canis Minor besteht im wesentlichen aus zwei Sternen: α bzw. Prokyon (»vor dem Hund«), der so heißt, weil er kurz vor Sirius aufgeht, und Gomeisa. Durch einen seltsamen Zufall hat auch Prokyon, wie Sirius, einen Weißen Zwerg als Begleiter, der nur mit professionellen Teleskopen zu sehen ist.

Monocerus ist ein schwaches Sternbild, das (wie Camelopardalis) erst 1613 von Petrus Plancius eingeführt wurde. Es liegt großteils innerhalb des »Winterdreiecks« – aus Beteigeuze, Prokyon und Sirius – vor dem Hintergrund der Milchstraße. Es enthält zahlreiche Sternhaufen und verschiedenen Nebel, die allerdings zu schwach sind, um leicht beobachtet werden zu können.

δ Mon (Größe 4,2) bildet mit 21 Mon (5,5) ein Paar. Der offene Sternhaufen M 50, 2900 Lichtjahre entfernt, enthält ca. 80 Sterne. NGC 2232 ist kleiner, ca. 20 Sterne umgeben den blau-weißen 10 Mon (Größe 5,1). Zu NGC 2264 gehören etwa 40 Sterne, darunter auch der schwache Variable S Mon (4,7). Schließlich ist da noch der Offene Haufen NGC 2301 mit ca. 80 Sternen. Alle Haufen sind im Feldstecher zu sehen.

AURIGA
8h
7h
6h
+30°
Castor
Pollux
GEMINI
TAURUS
Ekliptik
+20°
CANCER
+10°
S
2264
2261
γ
ε
Gomeisa
β
η
13
Betelgeuse
Procyon
α
2237-39
Rosetten-Nebel
ε
CANIS MINOR
ζ
δ1
18
ORION
0°
δ
2301
ζ
YA
2232
10
γ
MONOCEROS
β
M50
-10°
α
2353
Sirius
LEPUS
-20°
CANIS MAJOR
Adhara
-30°
PUPPIS
COLUMBA
YXIS

J	F	M	A	M	J
J	A	S	O	N	D

STECKBRIEF

Um 22 Uhr im Süden:
1. Sept.

Fläche:
414 □° (40.)

Doppelsterne:
α

Capricornus

Capricorni • Cap • Steinbock

Capricornus ist ein altes Sternbild, das stets mit einem Bock o. ä. assoziiert wurde. Oft wird es auch als Seeungeheuer dargestellt, in Verbindung mit der Sage vom Gott Pan, der, um dem Monster Typhon zu entkommen, in den Nil sprang, wo sein unter Wasser liegender Körper sich in einen Fisch verwandelte, während der Oberkörper bockähnlich blieb.

Ebenso wie der Cancer (S. 182) mit dem Sommerhöchststand der Sonne in Verbindung gebracht wurde, befand sich einst im Capricornus ihr Wintertiefststand, der nun im Sagittarius liegt. Wir finden diese Verbindung noch im »Wendekreis des Steinbocks«, der südlichen Breite auf der Erde, wo die Sonne bei ihrem Winter-Wendepunkt mittags im Zenit steht.

In einer klaren Nacht kann man mit dem bloßen Auge sehen, daß α Capricorni doppelt ist; der Stern wird auf Karten oft mit α^1 (Prima Giedi) und α^2 (Secunda Giedi) bezeichnet. Obwohl sie nur zufällig in der Sichtlinie dicht beieinander liegen, mit Entfernungen von 690 bzw. 110 Lichtjahren, sind sie beide für sich tatsächlich auch Doppelsterne.

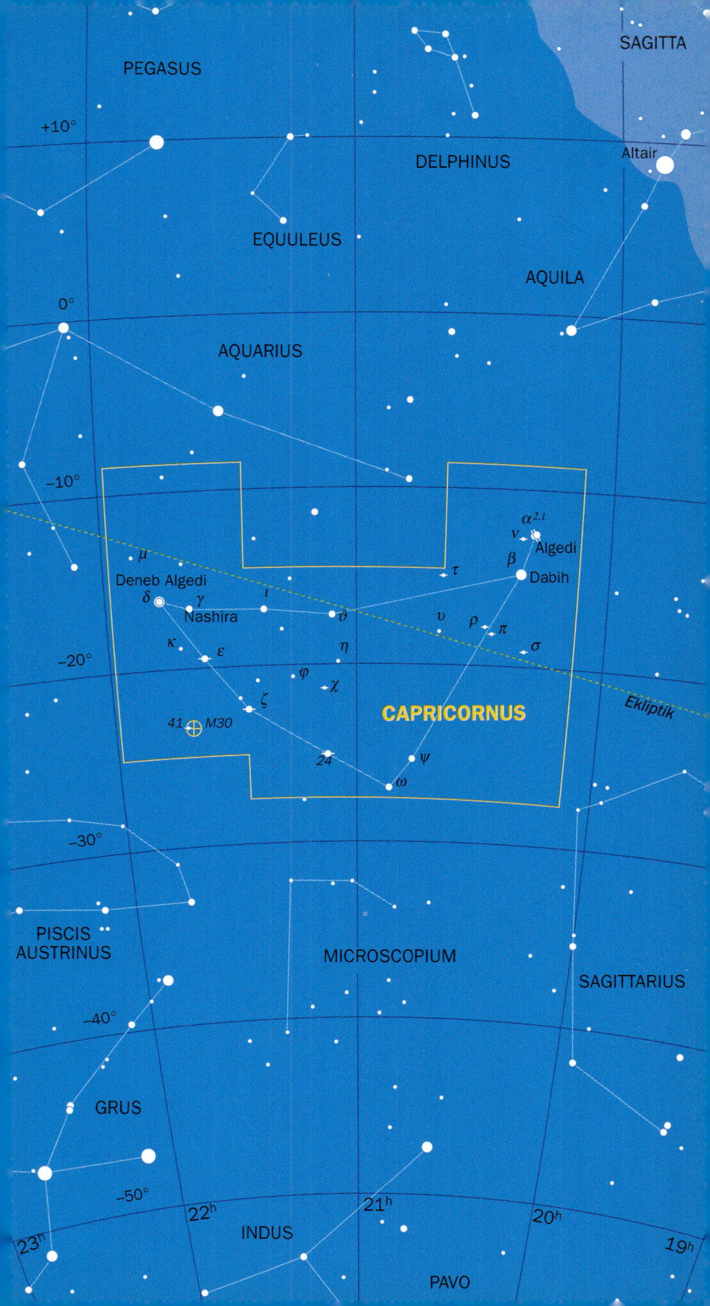

SAGITTA
PEGASUS
+10°
DELPHINUS
Altair
EQUULEUS
AQUILA
0°
AQUARIUS
–10°
α 2,1
ν
Algedi
μ
β
Dabih
Deneb Algedi
τ
δ
γ
ι
Nashira
ϑ
υ
ρ
π
κ
ε
η
σ
–20°
φ
χ
Ekliptik
ζ
CAPRICORNUS
41
M30
ψ
24
ω
–30°
PISCIS
AUSTRINUS
MICROSCOPIUM
SAGITTARIUS
–40°
GRUS
–50°
22h
21h
20h
23h
INDUS
19h
PAVO

J	F	M	A	M	J
J	A	S	O	N	D

STECKBRIEF

UM 22 UHR IM SÜDEN:
5. Nov.

FLÄCHE:
598 □° (25.)

VERÄNDERLICHE STERNE:
μ

OFFENE STERNHAUFEN:
M 52, NGC 663

CASSIOPEIA

Cassiopeiae • Cas

Der Sage nach war Cassiopeia Königin von Äthiopien, die Gemahlin von König Cepheus und Mutter der Andromeda (S. 168). Sie wird auf ihrem Thron sitzend dargestellt. Als eine Ausschmückung dieser Sage wird erzählt, daß sie als Strafe für ihre Prahlerei angekettet wurde und so die Demütigung ertragen muß, täglich kopfüber am Himmel zu hängen.

γ Cas ist ein ungewöhnlicher Veränderlicher (bekannt als Hüllenstern), dessen Helligkeit unregelmäßig fluktuiert; normalerweise hat er die Größe 2,5, er variiert aber zwischen 1,6 und 3,0. Er rotiert so schnell, daß er aus seiner Äquatorzone Materie in den Raum schleudert. Der Stern wird heller, wenn er eine große Gaswolke ausschleudert.

Cassiopeia liegt in der Milchstraße und enthält daher viele Offene Sternhaufen. Versuchen Sie, die ganze Region mit dem Feldstecher abzusuchen. Der hellste ist M 52, der ca. 100 Sterne enthält, aber im Fernglas nicht sehr eindrucksvoll aussieht. NGC 663 ist recht kompakt, aber die Sterne sind schwach.

Einige interessante Offene Sternhaufen

M 36 (Auriga)	M 37 (Auriga)	M 44 (Cancer)
M 41 (Canis Maior)	M 35 (Gemini)	M 48 (Hydra)
h & χ Persei	M 24 (Sagittarius)	M 6 (Scorpius)
M 7 (Scorpius)	M 11 (Scutum)	M 45 (Taurus)

URSA MINOR
+90°
Polaris
DRACO
18h
20h
22h
8h
6h
4h
2h
0h
+80°
CAMELOPARDALIS
CEPHEUS
50
+70°
ι
ω
ψ
CASSIOPEIA
RU
1027
I.1805
663
M103
δ
γ
κ
M52
+60°
AR
τ
Ruchbah
χ
Caph
β
ρ
υ²
υ¹
φ
457
η
α
Schedir
σ
LAC
PERSEUS
ϑ
μ
λ
ζ
R
+50°
ν
ξ
ο
π
ANDROMEDA
+40°
TRIANGULUM
+30°
ARIES
PEGASUS
PISCES

J	F	M	A	M	J
J	A	S	O	N	D

STECKBRIEF

UM 22 UHR IM SÜDEN:
20. Sept.

FLÄCHE:
588 □° (27.)

DOPPELSTERNE:
δ

VERÄNDERLICHE STERNE:
δ, μ

OFFENE STERNHAUFEN:
NGC 7160, IC 1396

CEPHEUS
Cephei • Cep

Dieses recht schwache Sternbild stellt den legendären König Cepheus aus dem alten Äthiopien dar, den Ehemann von Cassiopeia (S. 192) und Vater der Andromeda (S. 168).

Zwei Sterne sind von speziellem Interesse: δ Cephei ist der Prototyp einer wichtigen Klasse von Veränderlichen, bekannt als die Cepheiden. Diese ändern ihre Helligkeit besonders regelmäßig. Ihre Perioden (gewöhnlich einige Tage) hängen mit ihrer absoluten Helligkeit (zu unterscheiden von der scheinbaren) streng zusammen. Wenn man also die Periode eines Cepheiden mißt, kann man seine tatsächliche Helligkeit bestimmen und über die (gemessene) scheinbare dann die Entfernung ermitteln. Daher sind Cepheiden »Standard-Kerzen« zur Bestimmung von Entfernungen im Kosmos.

Die Periode von δ Cep entspricht 5,366341 Tage, und seine (scheinbare) Helligkeit variiert von der Magnitude 3,5 (wie ζ Cep) bis zu 4,4 (wie ε Cep). Seine Oberflächentemperatur beträgt, ähnlich der Sonne, ca. 6000° C, er ist aber ein Gelber Überriese in 982 Lichtjahren Entfernung.

Der zweite interessante Stern ist μ Cep. Wegen seiner auffälligen Farbe (speziell im Fernglas) nannte ihn Wilhelm Herschel »Granat-Stern«; er ist der derzeit größte bekannte Stern, 2400mal größer als die Sonne. Stünde er an der Stelle der Sonne, würde er alle Planeten bis hin zum Saturn »verschlingen«. Er ist halb regelmäßig variabel zwischen Magnitude 3,4 und 5,1 mit Perioden von 730 bis 4400 Tagen.

DRACO
10h
12h
8h
14h
6h
CAMELOPARDALIS
Polaris
+90°
4h
16h
URSA MINOR
18h
2h
+80°
20h
0h
Errai
22h
DRACO
+70°
Alfirk
CASSIOPEIA
CEPHEUS
VV
+60°
7160
Alderamin
I.1396
+50°
Deneb
ANDROMEDA
40°
LACERTA
CYGNUS

J	F	M	A	M	J
J	A	S	O	N	D

STECKBRIEF

Um 22 Uhr im Süden:
20. Nov.

Fläche:
1231 □° (4.)

Doppelsterne:
α

Veränderliche Sterne:
o

Cetus

Ceti • Cet • Walfisch

In der Mythologie stellt Cetus das Ungeheuer dar, das an die Küste Äthiopiens gesandt wurde, um sie zu verwüsten. Als es gerade Andromeda (S. 168) angreifen wollte, hielt Perseus (S. 230) ihm das Haupt der Medusa vor, durch das es zu Stein verwandelt wurde. Menkar, α Cet, ist ein Doppelstern fürs Fernglas, der aus einem Roten Riesen (Größe 2,5) und einem bläulich-weißen Stern (5,6) besteht.

Das wichtigste Objekt in diesem Sternbild ist vielleicht der berühmte o Ceti, Mira »der Wundersame«, der erste bekannte Veränderliche. 1596 vom friesischen Astronomen Fabricius entdeckt, wurde erst von Holwarda 1638 erkannt, daß seine Helligkeit sich regelmäßig verändert mit einer Periode von ca. 330 Tagen. Er gilt nun als Prototyp für die Klasse der langperiodisch Veränderlichen Roten Riesen, die in mehr oder weniger regelmäßiger Weise expandieren und kontrahieren. Heute sind viele tausend bekannt.

Mira variiert von der Größe 3,3 im Maximum, wo sie leicht mit bloßem Auge sichtbar ist, bis zu ca. 9,5 im Minimum, wo sie jenseits der Reichweite der meisten Feldstecher liegt. Manchmal überschreitet sie diesen Bereich sogar.

ARIES
TAURUS
PISCES
CETUS
ERIDANUS
FORNAX
SCULPTOR
AQUARIUS
Ekliptik
Menkar
Mira
Baten Kaitos
Deneb Kaitos
M77
247
AR
+10°
0°
−10°
−20°
4h
3h
2h
1h
0h

J	F	M	A	M	J
J	A	S	O	N	D

STECKBRIEF

UM 22 UHR IM SÜDEN:
15. Juni

FLÄCHE:
179 □° (73.)

DOPPELSTERNE:
ν

VERÄNDERLICHE STERNE:
R

CORONA BOREALIS

Coronae Borealis • CrB • Nördliche Krone

Das kleine, aber einprägsame halbkreisförmige Sternbild ist genau östlich vom Bootes leicht zu identifizieren. In der Sage stellt es die Krone der Ariadne dar, die, nachdem sie von Theseus verstoßen wurde, die Frau des Gottes Dionysos wurde. Sie wurde von Zeus unsterblich gemacht, der ihr Brautgeschenk, die Krone, zu den Sternen stellte.

In dem Bogen der sieben Sterne sind sechs von 4. Größe, der siebte, α CrB bzw. Gemma bzw. Alphecca ist mit Größe 2,2 deutlich heller. Abseits des Bogens steht ν CrB, ein weiter Doppelstern aus zwei orangfarbenen Riesen.

Der bemerkenswerteste Stern ist R CrB, der Prototyp einer kleinen und sehr ungewöhnlichen Klasse variabler Überriesen. Normal bei Magnitude 5,9, fällt er plötzlich und völlig unvorhersagbar über einen Zeitraum von Tagen oder Wochen ab; die Minima schwanken beträchtlich und können 14 bis 15 erreichen. Dies passiert, wenn eine Wolke aus Kohlenstoff in der äußeren Atmosphäre des Sterns auskondensiert und den Großteil des sichtbaren Lichts verschluckt. Die Wolke verteilt sich schrittweise, aber es kann Monate oder über ein Jahr dauern, bis der Stern seine normale Helligkeit wieder erreicht. Nur etwa zwei Dutzend solcher Sterne sind bekannt. Für die professionelle Astronomie ist es von großem Interesse, den Beginn eines solchen Ereignisses zu verfolgen, weshalb diese Sterne von Amateurastronomen regelmäßig mit Ferngläsern überwacht werden.

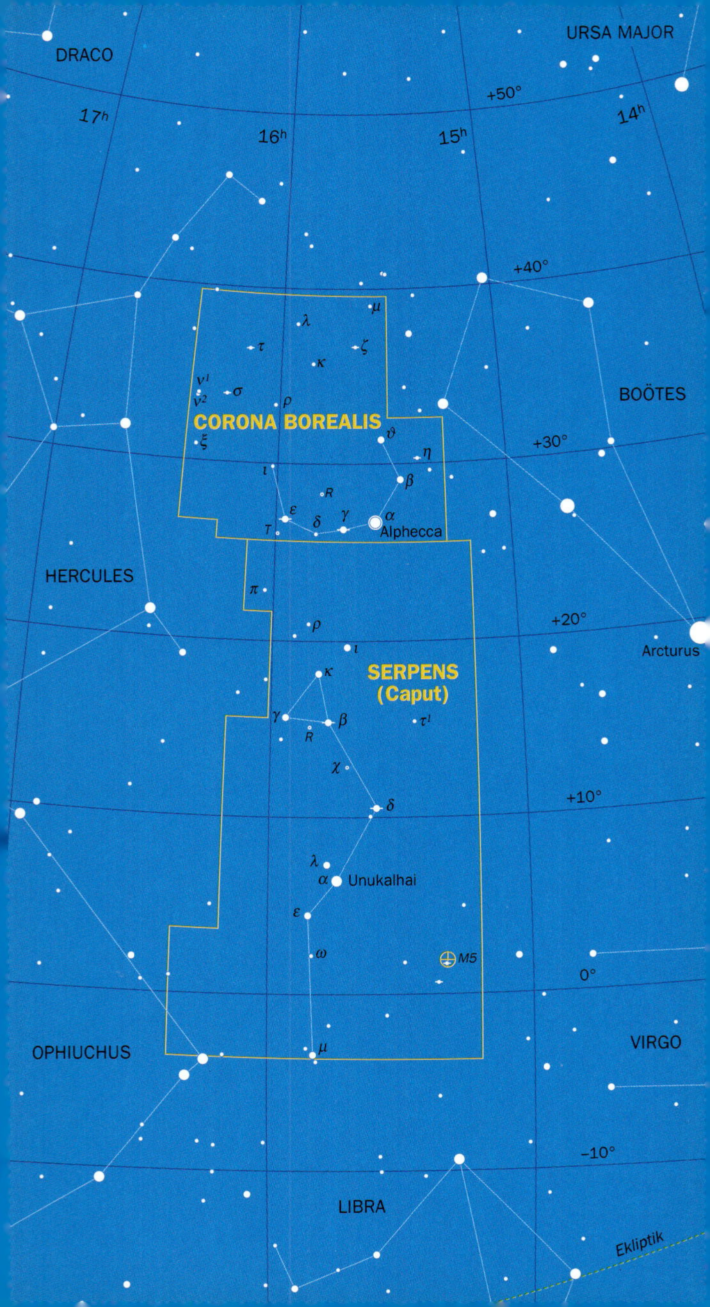
DRACO
URSA MAJOR
+50°
17h
16h
15h
14h
+40°
BOÖTES
CORONA BOREALIS
+30°
Alphecca
HERCULES
+20°
Arcturus
SERPENS
(Caput)
+10°
Unukalhai
M5
0°
OPHIUCHUS
VIRGO
−10°
LIBRA
Ekliptik

J	F	M	A	M	J
J	A	S	O	N	D

STECKBRIEF (Crv)

UM 22 UHR IM SÜDEN:
25. Apr.

FLÄCHE:
184 □° (70.)

STECKBRIEF (Crt)

UM 22 UHR IM SÜDEN:
10. Apr.

FLÄCHE:
282 □° (53.)

CORVUS

Corvi • Crv • Rabe

CRATER

Crateris • Crt • Becher

Die zwei kleinen Sternnbilder Corvus und Crater liegen zwischen Virgo und Hydra. Beide sind schwach (speziell der Crater) und enthalten keine bemerkenswerten Objekte für das bloße Auge oder den Feldstecher.

Einige helle Kugelsternhaufen

M 2 (Aquarius)	M 3 (Canes Venatici)	M 13 (Hercules)
M 92 (Hercules)	M 9 (Ophiuchus)	M 15 (Pegasus)
M 5 (Serpens)	M 22 (Sagittarius)	M 4 (Scorpius)

Einige helle Galaxien

M 31 (Andromeda)	M 65 (Leo)	M 66 (Leo)
M 33 (Triangulum)	M 81 (Ursa Maior)	M 48 (Virgo)
M 84 (Virgo)	M 86 (Virgo)	M 87 (Virgo)

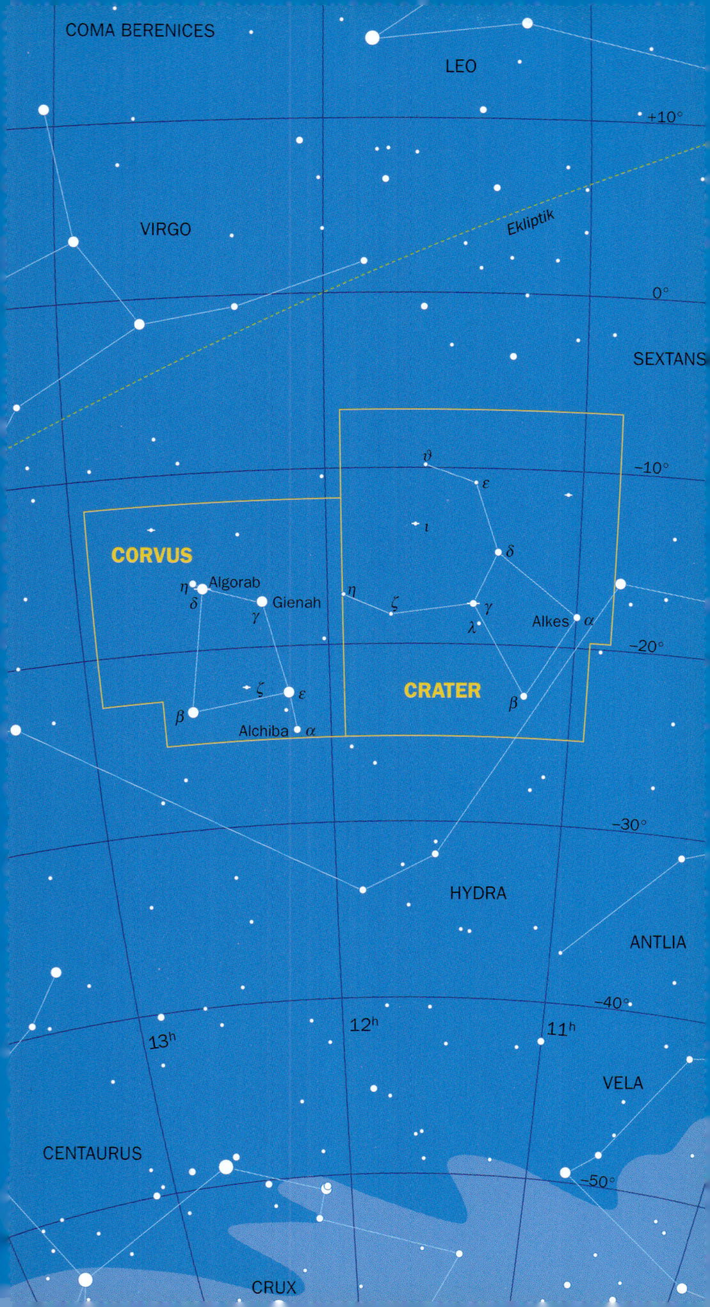
COMA BERENICES
LEO
+10°
VIRGO
Ekliptik
0°
SEXTANS
−10°
CORVUS
Algorab
Gienah
Alkes
−20°
CRATER
Alchiba
−30°
HYDRA
ANTLIA
−40°
13h
12h
11h
VELA
CENTAURUS
−50°
CRUX

J	F	M	A	M	J
J	A	S	O	N	D

STECKBRIEF (Cyg)

UM 22 UHR IM SÜDEN:
25. Aug.

FLÄCHE:
804 □° (16.)

DOPPELSTERNE:
o^1

VERÄNDERLICHE STERNE:
χ

OFFENE STERNHAUFEN:
M 39

NEBEL:
NGC 7000

STECKBRIEF (Lac)

UM 22 UHR IM SÜDEN:
25. Sept.

FLÄCHE:
201 □° (68.)

CYGNUS

Cygni • Cyg • Schwan

LACERTA

Lacertae • Lac • Eidechse

Cygnus ist eines der schönsten Sternbilder am Himmel und liegt in einem auffälligen Teil der Milchstraße. Es enthält viele offene Sternhaufen, einer der hellsten davon ist M 39 nördlich von ρ Cyg. Der gasförmige Nordamerikanebel NGC 7000 nahe Deneb ist gerade so mit dem bloßen Auge zu sehen.

Deneb, α Cygni, ist ein bemerkenswerter strahlend blau-weiß scheinender Überriese, ca. 160000mal heller als die Sonne. Er ist 3230 Lichtjahre entfernt, viel weiter als die anderen zwei Sterne des Sommerdreiecks, Wega und Atair (25 bzw. 17 Lichtjahre).

Bei klarem Himmel sollte man den Großen Streifen erkennen: ein dunkles Band mitten in der Milchstraße. Dieses wird durch Staubwolken hervorgerufen, die die entfernteren Sterne verdecken.

o^1 Cyg ist ein wunderschöner Doppelstern mit einer orangefarbenen und einer bläulichen Hälfte.

χ Cygni ist ein Veränderlicher mit einer extremen Amplitude von etwa 10 Größen (d.h. seine Helligkeit ändert sich um den Faktor 10 000) und einer Periode von 408 Tagen. Im Maximum ist er mit bloßem Auge leicht zu finden (Magnitude 4–5), im Minimum unsichtbar.

Das kleine Sternbild Lacerta besteht aus einer Zickzacklinie von Sternen zwischen Cygnus und Cassiopeia. Es wurde zuerst von Hevelius vorgeschlagen, dem berühmten Astronomen aus Danzig, und enthält keine Objekte fürs Auge oder den Feldstecher.

CASSIOPEIA
CEPHEUS
DRACO
HERCULES
ANDROMEDA
LACERTA
CYGNUS
LYRA
PEGASUS
VULPECULA
Vega
Deneb
Sadr
Albireo
Nordamerika-Nebel
Schleier-Nebel
7000
7243
M39
6826
6960
23h
22h
21h
20h
19h
18h
+60°
+50°
+40°
+30°
+20°
33
26
61
52
41
11

J	F	M	A	M	J
J	A	S	O	N	D

STECKBRIEF (Del)

UM 22 UHR IM SÜDEN:
1. Sept.

FLÄCHE:
189 □° (69.)

STECKBRIEF (Equ)

UM 22 UHR IM SÜDEN:
10. Sept.

FLÄCHE:
72 □° (87.)

DOPPELSTERNE:
γ

DELPHINUS

Delphini • Del • Delphin

EQUULEUS

Equulei • Equ • Kleines Pferd

Delphinus ist ein kleines, aber sehr auffälliges Sternbild. Es soll den Delphin darstellen, der den Dichter und Musiker Arion vor dem Ertrinken gerettet hat.

Equuleus ist das zweitkleinste Sternbild (nach dem Crux, dem Südlichen Kreuz) und enthält wenig von Interesse, obwohl γ Equ, ein gelber Stern mit der Größe 4,7, mit 6 Equ (einem weißen Stern der Größe 6,1) einen scheinbaren Doppelstern ergibt.

Doppelsterne

μ Bootis	ν Bootis	ι Cancri	δ Monocerotis
α Capricorni	ν Coronae Borealis	β Cygni	ο^1 Cygni
γ Equulei	ν Draconis	ν Geminorum	ζ Geminorum
α Leonis	γ Leonis	ζ Leonis	ι Librae
δ Lyrae	ε Lyrae	ρ Ophiuchi	δ Orionis
σ Orionis	ε Pegasi	π Pegasi	κ Piscium
ρ Piscium	ω Scorpii	κ Tauri	ϑ Tauri
σ Tauri	ζ Ursae Maioris	γ Ursae Minoris	α Vulpeculae

Deneb
+30°
22h
21h
20h
LYRA
LACERTA
CYGNUS
+20°
VULPECULA
+10°
SAGITTA
PEGASUS
γ α
δ ζ
β
η
ι ε
0°
δ γ
κ
Altair
DELPHINUS
β
Kitalpha
α
ε
AQUILA
EQUULEUS
−10°
AQUARIUS
−20°
Ekliptik
−30°
CAPRICORNUS
SAGITTARIUS
PISCIS AUSTRINUS

J	F	M	A	M	J
J	A	S	O	N	D

STECKBRIEF

ZIRKUMPOLAR

FLÄCHE:
1083 □° (8.)

DOPPELSTERNE:
ν, 16/17, 39

DRACO

Draconis • Dra • Drachen

Draco ist ein antikes Sternbild, obwohl es keine Sterne enthält, die heller sind als 2. Größe, und relativ unauffällig ist. Etwa vor 5000 Jahren, als die alten Ägypter ihre Pyramiden bauten, war α Dra, Thuban, der Polarstern. Wegen der Präzession (S. 25) hat er seitdem diese Bedeutung verloren. Der vierseitige Kopf füllt gerade das Gesichtsfeld eines siebenmal vergrößernden Fernglases aus.

Das Fernglas zeigt ν als schönen Doppelstern, der aus zwei weißen Sternen mit der Größe 4,9 besteht. Die Sterne Flamsteed 16 und 17 bilden einen weiten Doppelstern (beide bläulich-weiß mit der Größe 5,1 bzw. 5,5). Flamsteed 39 ist ein ähnliches System mit einer gelben und einer blauen Komponente mit der Magnitude 5,0 bzw. 7,4.

Vega
LYRA
CYGNUS
CEPHEUS
HERCULES
Etamin
γ
β
Rastaban
Grumium
ξ
ν
ο
39
π
ρ
AC
δ
σ
ε
μ
Alrakis
DRACO
6543
υ
τ
AF
φ
16/17
ω
χ
ζ
ψ
20h
AT
η
ϑ
18h
16h
ι
+90°
Polaris
14h
URSA
MINOR
+80°
α
Thuban
+70°
12h
10h
+60°
κ
+50°
λ
Giausar
URSA MAJOR
CANES
VENATICI

J	F	M	A	M	J
J	A	S	O	N	D

STECKBRIEF

UM 22 UHR IM SÜDEN:
20. Dez.

FLÄCHE:
1138 □° (6.)

ERIDANUS

Eridani • Eri • Fluß Eridanus

Eridanus ist ein sehr großes Sternzeichen, das aber die wenigsten erkennen, hauptsächlich weil seine meisten Sterne recht schwach sind. Es beginnt mit genau neben Rigel im Orion, macht einen weiten Bogen nach Westen und biegt dann nach Südwesten, wo es bei α Eri – Achernar (arabisch: Flußmündung) – weit im Süden endet, dauerhaft unsichtbar für jeden, der sich nördlicher als ca. 30° nördliche Breite befindet. In früherer Zeit wurde ϑ Eri (Größe 2,9) als das Ende angesehen und Achernar genannt. Als man das Sternbild verlängerte, bekam ϑ Eri den Namen Acamar.

TAURUS
ORION
CETUS
0°
ν
μ
ξ
32
ω
β Cursa
o1
o2 Beid
Keid
ψ
ρ3
Rigel
λ
δ
ε
ζ
ρ2
Azha
η
-10°
S
1535
π
53
γ Zaurak
ERIDANUS
LEPUS
54
-20°
τ1
τ5
τ6
τ4
τ2
τ9
τ3
τ8
τ7
υ1
-30°
υ2
υ3
υ4
FORNAX
COLUMBA
g
f
-40°
y
CAELUM
Acamar
ϑ
ι
e
s
PHOENIX
-50°
κ
PICTOR
HOROLOGIUM
φ
DORADO
χ
5h
4h
6h
-60°
3h
p
α
Achernar
2h
HYDRUS
RETICULUM
1h

J	F	M	A	M	J
J	A	S	O	N	D

STECKBRIEF

UM 22 UHR IM SÜDEN:
5. Feb.

FLÄCHE:
514 □° (30.)

DOPPELSTERNE:
ζ, ν

VERÄNDERLICHE STERNE:
ζ, ν

OFFENE STERNHAUFEN:
M 35

METEORE:
Geminiden

GEMINI

Geminorum • Gem • Zwillinge

Es ist ein merkwürdiger Zufall, daß viele der hellsten Sterne im Sternbild der Zwillinge Doppel- oder Mehrfachsterne sind. Leider sind nur wenige davon im Feldstecher sichtbar. Castor selbst , α Gem, ist bemerkenswert, da er aus nicht weniger als sechs Komponenten in drei Paaren besteht, die einander alle in einem komplexen System umkreisen.

ν Gem ist ein weiter Doppelstern mit einem bläulich-weißen Riesen (Größe 4,1) und einem Begleiter mit Größe 8,7.

ζ Gem ist ein Fernglas-Sternpaar mit einem gelben Überriesen, einem Cepheiden (S. 194), der mit einer Periode von 10,2 Tagen zwischen der Magnitude 3,7 und 4,2 variiert, und einem nicht dazugehörenden Stern mit der Größe 7,6. Die Schwankung um 0,5 Größen dürfte für einen unerfahrenen Beobachter die Grenze dessen sein, was er noch wahrnehmen kann.

η Gem ist ein Roter Riese, der in halb regelmäßiger Weise zwischen den Größen 3,2 und 3,9 schwankt (233 Tage Periode). Er hat einen nahen Begleiter, den zu sehen man aber schon ein mittelgroßes Fernrohr braucht.

M 35 ist ein schöner Offener Sternhaufen, der etwa dieselbe Fläche bedeckt wie der Mond. Er ist mit freiem Auge und dem Feldstecher sichtbar und enthält etwa 200 Sterne bei einer Entfernung von 2800 Lichtjahren.

CAM
9h
8h
7h
6h
5h
+50°
+40°
+30°
+20°
+10°
0°
-10°
URSA MAJOR
LYNX
Capella
AURIGA
π
ο
ϑ
α
Castor
ρ
Geminids
τ
χ
Pollux
σ
φ
β
ι
υ
TAURUS
κ
ε
Mebsuta
M35
1
ω
η
μ
Propus
δ
Ekliptik
2392
Wasat
ζ
Mekbuda
ν
GEMINI
CANCER
λ
BQ
Alhena
γ
ξ
30
Betelgeuse
Procyon
CANIS MINOR
MONOCEROS
ORION
LEPUS
CANIS MAJOR
PUPPIS
Sirius

J	F	M	A	M	J
J	A	S	O	N	D

STECKBRIEF

UM 22 UHR IM SÜDEN:
5. Juli

FLÄCHE:
1225 □° (5.)

KUGELSTERNHAUFEN:
M 13, M 92

HERCULES

Herculis • Her

Hercules ist ein »ausuferndes« Sternbild. Mythologische Darstellungen zeigen den Helden Herkules, der mit einem Bein auf dem Kopf des Drachen kniet. In früheren Zeiten erschien er aufrecht, aber jetzt steht er wegen der Präzession (S. 25) mehr oder weniger verkehrtherum. Der Stern, der den Kopf kennzeichnet, α Her bzw. Ras Algethi (arabisch: Kopf des Knieenden) liegt am Südende und ist ein roter Stern an der Grenze zwischen Riese und Überriese, vermutlich etwa 500mal größer als die Sonne. Er verändert seine Helligkeit um ca. eine Größe, was aber für einen unerfahrenen Beobachter schwierig zu schätzen ist.

Hercules enthält zwei bemerkenswerte Kugelsternhaufen. M 13 ist der hellste Kugelsternhaufen am Nordhimmel und mit bloßem Auge bei guten Bedingungen zu sehen. Er besteht aus ca. 300 000 Sternen und ist 23 300 Lichtjahre entfernt. M 92 ist noch etwas weiter weg (25 400 Lichtjahre) und schwächer, aber immer noch leicht im Fernglas zu finden, besonders weil er im Zentrum dichter ist.

URSA MINOR
CEPHEUS
+70°
20h
19h
18h
17h
16h
15h
+60°
DRACO
CYGNUS
+50°
BOÖTES
M92
+40°
Vega
M13
LYRA
CORONA
BOREALIS
+30°
113
6210
110
109
102
95
HERCULES
Kornephoros
+20°
111
Rasalgethi
QUILA
SER
+10°
OPHIUCHUS
SERPENS
CAUDA
0°
SCUTUM
−10°

J	F	M	A	M	J
J	A	S	O	N	D

STECKBRIEF

Um 22 Uhr im Süden:
5. April (Kopf)

Fläche:
1303 □° (1.)

Veränderliche Sterne:
R

Offene Sternhaufen:
M 48

Galaxien:
M 83

Hydra

Hydrae • Hya • Wasserschlange

Hydra ist das größte Sternbild am Himmel, da die Mehrzahl ihrer Sterne aber schwach sind, ist es nicht sehr auffällig. Neben α Hya, Alphard (arabisch: der Einsame), ein orangefarbener Riese mit der Magnitude 2,0, ist die interessanteste Struktur der »Kopf der Hydra«, eine hübsche Gruppe von sechs Sternen.

An der Westgrenze zum Monoceros liegt M 48, gerade noch mit bloßem Auge zu erkennen, im Feldstecher jedoch ein großer (etwas dreieckiger) Haufen von ca. 80 Sternen.

R Hya war der vierte Veränderliche, der entdeckt wurde (1704), ein Roter Riese, der Mira (S. 196) sehr ähnlich ist. Trotz seiner Entfernung erreicht er die Größe 3,5 im Maximum; sein Minimum liegt bei ca. 10,9 (Periode 389 Tage).

U Hya ist ein sehr kühler Roter Riese, der unregelmäßig zwischen den Größen 4,3 und 6,6 fluktuiert, also stets im Fernglas sichtbar bleibt. Seine tiefrote Farbe macht es schwer, ihn richtig zu schätzen.

BOOTES
LEO
Regulus
CANCER
CM
+10°
Ekliptik
0°
VIRGO
SEXTANS
-10°
Alphard
M48
MON
Spica
LIBRA
CORVUS
HYDRA
3242
-20°
CRATER
M68
-30°
12h
11h
10h
M83
13h
PUPPIS
9h
ANTLIA
14h
8h
CENTAURUS
15h
-40°
PYXIS
VELA

J	F	M	A	M	J
J	A	S	O	N	D

STECKBRIEF (Leo)

UM 22 UHR IM SÜDEN:
1. Apr.

FLÄCHE:
947 □° (12.)

DOPPELSTERNE:
α, γ, ζ,

VERÄNDERLICHE STERNE:
R

GALAXIEN:
M 65, M 66

METEORE:
Leoniden

STECKBRIEF (LMi)

UM 22 UHR IM SÜDEN:
1. Apr.

FLÄCHE:
232 □° (64.)

LEO

Leonis • Leo • Löwe

LEO MINOR

Leonis Minoris • LMi • Kleiner Löwe

Leo ist ein antikes Sternbild, das bereits die Sumerer und Babylonier beschrieben haben und wahrscheinlich mit der Sonne assoziierten, die damals in diesem Sternbild ihren Sommerhöchststand erreichte. Die Griechen sahen in ihm den Nemeischen Löwen, den Herkules als eine seiner zwölf Aufgaben niederstreckte.

Regulus (kleiner Löwe), α Leo mit der Größe 1,4, bildet mit einem Stern der Größe 7,7 ein weites Sternpaar. γ Leo (Algieba: »die Stirn«) wird von dem gelben Stern, 40 Leo, begleitet (4,8). Der Feldstecher zeigt uns ζ Leo als Dreifachsystem: ein Weißer Riese (Größe 3,4), ein gelblich-weißer Stern (5,0) und ein gelber (6,0).

R Leonis nahe bei Regulus ist ein bekannter Veränderlicher. Ähnlich wie Mira schwankt seine Helligkeit von 5,9 bis 11 bei einer Periode von 310 Tagen.

Die Spiralgalaxien M 65 und M 66 sind im Feldstecher gerade so sichtbar, erscheinen aber als strukturlose Flecken am Himmel.

Spektakuläre Leoniden-Meteorstürme treten alle 33 Jahre auf, am eindrucksvollsten 1966, als sie für eine kurze Zeit ca. 140 000 pro Stunde erreichten. Dieses unglaubliche Schauspiel war in einem kleinen Teil Nordamerikas zu sehen. Zur Zeit kann man noch nicht vorhersagen, ob ein ähnliches Ereignis 1999 auftreten wird.

Das winzige Sternbild Leo Minor wurde von Hevelius 1687 eingeführt. Nachfolgende Astronomen haben es meist ignoriert, weil es nur wenige Objekte von Interesse zeigt. Sogar der hellste Stern ist nicht mit α, sondern mit β bezeichnet.

12h
11h
10h
9h
+50°
CANES VENATICI
URSA MAJOR
LYNX
+40°
LEO MINOR
10
11
β
21
46
+30°
CNC
μ Rasalas
κ
ζ
Adhafera
ε
Alterf
λ
54
Leoniden
2903
93
δ Zosma
γ
Algieba
+20°
60
η
Chertan
LEO
β
Denebola
ϑ
M65
M66
ψ
M105
α
M96
M95
Regulus
R
ξ
ι
o
ρ
31
+10°
ω
π
χ
σ
VIRGO
Ekliptik
τ
υ
0°
φ
SEXTANS
−10°
CRATER
HYDRA

J	F	M	A	M	J
J	A	S	O	N	D

STECKBRIEF

UM 22 UHR IM SÜDEN:
10. Juni

FLÄCHE:
538 □° (29.)

DOPPELSTERNE:
α

VERÄNDERLICHE STERNE:
δ

LIBRA

Librae • Lib • Waage

Dieses Sternbild war einst der östliche Teil des Scorpius und wurde dann von den Römern als eigenes Tierkreiszeichen abgetrennt. Die Verbindung mit dem Scorpius blieb in den arabischen Namen der hellsten Sterne erhalten. α Lib (Zubenelgenubi: die »südliche Schere«) ist ein weites Sternpaar: α^1, ein blasser gelber Stern mit der Größe 5,2 und α^2, ein weißer Stern (2,8). β Lib (Zubenelschamali: die »nördliche Schere«) ist eine Rarität: einer der wenigen Sterne, die leicht grünlich erscheinen. γ Lib ist bekannt als Zubenelakrab (Skorpionschere).

ι Lib (Magnitude 4,5) bildet ein scheinbares Paar mit 25 Lib (6,1), der uns eigentlich gut 100 Lichtjahre näher steht. δ Lib ist ein Cepheiden-Veränderlicher (S. 194) der Magnitude 4,9 bis 5,9 (Periode 2,3 Tage).

Einige helle veränderliche Sterne

η Aquilae	ε Aurigae	ζ Aurigae	W Bootis
γ Cassiopeiae	δ Cephei	μ Cephei	o Ceti
R Coronae Borealis	χ Cygni	ζ Geminorum	α Herculis
R Leporis	δ Librae	β Lyrae	α Orionis
β Persei	λ Tauri		

BOÖTES
+10°
SERPENS CAPUT
0°
16
VIRGO
Zubeneschamali
β
δ
ε
−10°
ξ²
OPHIUCHUS
48
γ
μ
Ekliptik
α2,1
η
ν
ζ
ϑ
Zubenelgenubi
λ
κ
ι
−20°
5897
LIBRA
σ
HYDRA
Antares
υ
τ
−30°
LUPUS
SCORPIUS
−40°
16h
15h
17h
14h
−50°
NORMA
CENTAURUS
ARA

J	F	M	A	M	J
J	A	S	O	N	D

STECKBRIEF

UM 22 UHR IM SÜDEN:
20. Feb.

FLÄCHE:
545 □° (28.)

LYNX

Lyncis • Lyn • Luchs

Lynx ist ein extrem schwaches Sternbild. Man sagt, daß Hevelius, der es 1687 eingeführt hat, ihm diesen Namen gab, weil man die Augen eines Luchses haben muß, um es zu erkennen. (Hevelius selbst war bekannt für seine guten Augen.) Der hellste Stern, α Lyn (Größe 3,1) ist ein Roter Riese in einer Entfernung von 222 Lichtjahren; man entdeckte kürzlich, daß er etwas variabel ist.

Riesensterne

α Aurigae	W Bootis	β Cancri	ι Cancri
α Ceti	o Ceti	ν Coronae Borealis	η Geminorum
ν Geminorum	α Hydrae	R Hydrae	U Hydrae
ζ Leonis	α Lyncis	δ^2 Lyrae	π Pegasi
94 Piscium	α Tauri	γ Ursae Minoris	α Vulpeculae

12h
11h
10h
9h
8h
7h
6h
5h
4h
3h
+80°
+70°
+60°
+50°
+40°
+30°
+20°
DRACO
CAMELOPARDALIS
URSA MAJOR
AURIGA
LYNX
UW
2
15
21
25/26
31
10 Uma
38
α
Castor
Pollux
GEMINI
LEO
CANCER
Ekliptik

J	F	M	A	M	J
J	A	S	O	N	D

STECKBRIEF

Um 22 Uhr im Süden:
1. Aug.

Fläche:
286 □° (52.)

Doppelsterne:
δ, ε, ζ

Veränderliche Sterne:
β

Meteore:
Lyriden (19.–25. Apr., Höhepunkt: 22. Apr.)

Lyra

Lyrae • Lyr • Leier

Obwohl es recht klein ist, enthält dieses Sternbild Wega den strahlenden weißen Stern der Größe 0,03, der zusammen mit Deneb im Cygnus und Atair im Adler das Sommerdreieck bildet. Das Bild selbst soll entweder die Leier des Orpheus oder die des Arion (S. 204) darstellen, der von einem Delphin vor dem Ertrinken gerettet wurde.

β Lyrae ist ein berühmter Veränderlicher, der zwischen 3,3 und 4,3 in 12,9 Tagen schwankt. Er besteht aus zwei Sternen, die sich so eng umkreisen, daß sie ihre Kugelform deformieren. Sie verfinstern sich regelmäßig gegenseitig und verursachen so die Variabilität (Bedeckungsveränderliche).

Menschen mit sehr guten Augen können δ Lyr als Paar erkennen, mit dem bläulich-weißen Stern δ^1 der Größe 5,6 in 1080 Lichtjahren Entfernung und dem Roten Riesen d^2 (4,2) in 900 Lichtjahren.

ε Lyr ist der berühmte »Doppel-Doppelstern«. Das Fernglas zeigt ihn als zwei Sterne, ε^1 und ε^2 (4,7 und 4,6). Teleskope lösen beide Sterne wiederum als Doppelsterne auf, also ein Quadrupelsystem. ζ Lyr ist ein weites Paar mit Helligkeiten von 4,4 und 5,7.

Farben und Temperaturen der Sterne

Rigel	blau-weiß	11550°
Wega	weiß	9960°
Sonne	gelb	5800°
Arcturus	orange	4420°
Beteigeuze	rot	3450°

22h
21h
20h
19h
18h
17h
16h
+70°
+60°
+50°
+40°
+30°
+20°
+10°
CEPHEUS
DRACO
Deneb
LYRA
RR
R
ε1
ε2
η
ϑ
μ
Vega
α
ζ
δ
ι
κ
CYGNUS
HERCULES
β
Sheliak
Sulafat
γ
ν3
λ
M57
M56
Lyriden
Lyrids
VULPECULA
SAGITTA
Altair
AQUILA
SERPENS
CAUDA
OPHIUCHUS

J	F	M	A	M	J
J	A	S	O	N	D

STECKBRIEF (Oph)

UM 22 UHR IM SÜDEN:
10. Juli

FLÄCHE:
948 □° (11.)

DOPPELSTERNE:
ρ

OFFENE STERNHAUFEN:
NGC 6633, IC 4665

KUGELSTERNHAUFEN:
M 9, M 10, M 12, M 14, M 19, M 62

STECKBRIEF (Ser)

UM 22 UHR IM SÜDEN:
5. Juli (Caput) bzw. 10. Aug. (Cauda)

FLÄCHE:
637 □° (23.)

DOPPELSTERNE:
β

KUGELSTERNHAUFEN:
M 5

OPHIUCHUS

Ophiuchi • Oph • Schlangenträger

SERPENS

Serpentis • Ser • Schlange

Ophiuchus ist ein antikes Sternbild, das den sagenhaften Gott der Heilkunst Äskulap darstellen soll (die Schlange, die er, um einen Stab gewunden, trägt, hat sich bis heute als Symbol der Ärztezunft erhalten). Das Sternbild enthält auch einen großen Teil der Ekliptik, wird aber trotzdem oft nicht als Tierkreiszeichen angesehen. Serpens ist das einzige in zwei Teile getrennte Sternbild: Serpens Caput im Westen (der Kopf s. Karte S. 198) und Serpens Cauda im Osten (der Schwanz).

Ophiuchus steht dicht am Zentrum unserer Milchstraße (im Sagittarius) und enthält zahlreiche Kugelsternhaufen. M 9, M 10, M 12, M 14, M 19 und M 62 sind alle im Feldstecher zu sehen, wie auch M 5 in der Schlange, der zweitschönste Kugelsternhaufen nach M 13 im Hercules.

Zwei offene Sternhaufen finden sich im Nordosten des Ophiuchus: NGC 6633 und IC 4665.

ρ Ophiuchus ist im Fernglas ein Dreifachsystem: ein Stern mit der Magnitude 5,0 (wiederum doppelt, aber nur im Teleskop zu sehen) und weit entfernte Begleiter der Größen 6,7 und 7,3. β Ser (3,7) ist ein weites Sternpaar mit einem Stern der Größe 6,7 nördlich des helleren.

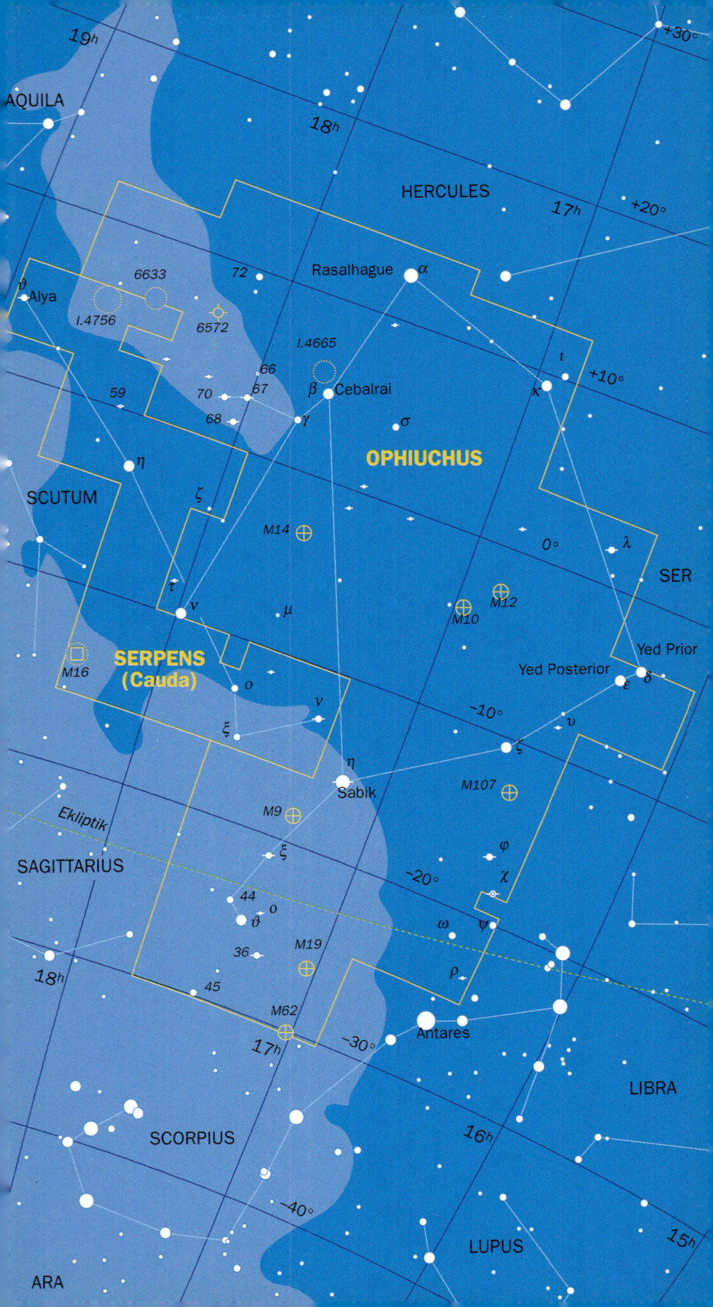

AQUILA
HERCULES
Rasalhague
Alya
6633
I.4756
6572
72
I.4665
66
67
70
68
59
Cebalrai
OPHIUCHUS
SCUTUM
M14
M12
M10
SER
Yed Prior
Yed Posterior
SERPENS (Cauda)
M16
Sabik
M107
M9
Ekliptik
SAGITTARIUS
44
36
45
M19
M62
Antares
LIBRA
SCORPIUS
LUPUS
ARA
19h
18h
17h
16h
15h
+30°
+20°
+10°
0°
-10°
-20°
-30°
-40°

J	F	M	A	M	J
J	A	S	O	N	D

STECKBRIEF

UM 22 UHR IM SÜDEN:
30. Jan.

FLÄCHE:
594 □° (26.)

DOPPELSTERNE:
δ

VERÄNDERLICHE STERNE:
α

NEBEL:
M 42

METEORE:
Orioniden

ORION

Orionis • Ori

Orion ist ein spektakuläres Sternbild, obwohl sein berühmtestes Objekt, der Große Orionnebel M 42, dem bloßen Auge gerade mal als nebliger Fleck erscheint. Unter besten Bedingungen kann das Fernglas andeutungsweise Strukturen zeigen. Die riesige Wolke aus Gas und Staub ist eine gigantische Sternen-Kinderstube und enthält zahlreiche sehr junge Sterne. Für das Auge leuchtet das Gas grünlich, aber schon kurz belichtete Aufnahmen (S. 16) zeigen den Nebel mit einem deutlichen Rosaton, der sich gegen die Sterne mit ihren verschiedenen Farben abhebt.

Beteigeuze, α Ori, ist ein großer Überriese mit ca. 800mal dem Durchmesser der Sonne. Er ist auch veränderlich zwischen den Größen 0,3 und 1,2; manchmal zeigt er eine Periodizität (ca. 2335 Tage, etwa sieben Jahre). Rigel, β Ori, ist ein strahlender blau-weißer Überriese, nahezu 50 000mal so hell wie die Sonne. Alnilam, ε Ori, ist β sehr ähnlich, erscheint aber wegen seiner größeren Entfernung schwächer.

δ Ori, Mintaka, knapp unterhalb des Himmelsäquators, ist ein weites Sternpaar mit einem hellen (2,3) bläulich-weißen Stern und einem der Größe 6,8. σ Ori ist ein Mehrfachsystem, von dem man im Feldstecher aber nur den Hauptstern (3,8) und einen Begleiter (6,7) sieht.

AURIGA
PERSEUS
7h
6h
5h
+30°
GEMINI
TAURUS
Ekliptik
+20°
Aldebaran
Hyaden
Orioniden
2169
ORION
Meissa
+10°
Betelgeuse
Bellatrix
32
M78
Mintaka
Alnilam
0°
Alnitak
MONOCEROS
Pferdekopf-Nebel
I.434
1981
M43
M42
Orion-
Nebel
29
ERIDANUS
Rigel
Saiph
−10°
Sirius
LEPUS
−20°
CANIS MAJOR
Adhara
−30°
COLUMBA
ERIDANUS

J	F	M	A	M	J
J	A	S	O	N	D

STECKBRIEF

Um 22 Uhr im Süden:
20. Okt.

Fläche:
1121 □° (7.)

Doppelsterne:
ε, π

Kugelsternhaufen:
M 15

Pegasus

Pegasi • Peg

Obwohl einer der Sterne eigentlich zur Andromeda gehört, erkennt man das große Quadrat des Pegasus leicht als »Wahrzeichen« am Himmel. Das rührt teilweise daher, daß in diesem Gebiet auffallend wenige Sterne stehen, obwohl Pegasus ein großes Sternbild ist. Es ist ein guter Test für die Beobachtungsbedingungen, die Zahl der sichtbaren Sterne im Quadrat zu zählen. Bei wirklich gutem Himmel sollte man 12 oder 13 sehen können.

Enif, ε Peg, der die Nase des Pegasus darstellt, ist ein gelber Überriese der Größe 2,4. Mit einem sehr guten Fernglas kann man einen entfernten Begleiter der Größe 8,4 erkennen. π Peg, dicht an der Grenze zur Lacerta, ist ein weites Sternpaar: der gelbe Riese π^1 (5,6) und der weiße Riese π^2 (4,3).

Als ob die fehlenden Sterne kompensiert werden sollten, findet sich nicht weit von Enif entfernt mit M 15 ein herausragender Kugelsternhaufen. Er kann mit bloßem Auge gerade so erkannt werden und ist im Fernglas schön zu sehen. Von uns ist er 30 600 Lichtjahre weit weg.

ANDROMEDA
LACERTA
CYGNUS
VULPECULA
SAGITTA
PISCES
PEGASUS
DELPHINUS
EQUULEUS
AQUILA
AQUARIUS
PISCES
0h
23h
22h
+30°
+20°
+10°
0°
7331
Alpheratz
α (And)
Scheat
Matar
Sadalbari
Markab
Algenib
Homam
Biham
Enif
M15
Ekliptik

J	F	M	A	M	J
J	A	S	O	N	D

STECKBRIEF

Um 22 Uhr im Süden:
30. Dez.

Fläche:
615 □° (24.)

Veränderliche Sterne:
β

Offene Sternhaufen:
h, χ

Meteore:
Perseiden

Perseus

Persei • Per

In der Sage tötete Perseus die erschrockene Medusa und benutzte ihr Haupt, um Cetus zu Stein zu verwandeln und so Andromeda zu retten (S. 168). Bildliche Darstellungen zeigen ihn mit dem abgeschlagenen Medusenhaupt in der Hand, bezeichnet durch den Stern Algol (arabisch: der Dämon), β Per. Dieser Stern ist ein berühmter Bedeckungsveränderlicher, dessen gesamte Helligkeit während der Bedeckung, die ca. 10 Studen dauert, von 2,1 auf 3,4 abfällt.

ρ Per südlich von Algol ist ein weiterer Veränderlicher, der derzeit halb regelmäßig zwischen den Größen 3,3 und 4,0 schwankt und gelegentlich eine Periode von etwa 50 Tagen aufweist.

Ein weiterer berühmter Anblick im Perseus ist der Doppelsternhaufen h & χ Persei, den Sie finden, wenn Sie dem oberen »Arm« des Perseus Richtung Cassiopeia folgen. Diese Offenen Haufen, die auch unter den Namen NGC 869/884 bekannt sind, sind mit bloßem Auge zu sehen. Jeder füllt ungefähr eine Fläche von der Größe des Vollmondes aus. Im Fernglas ist die ganze Region reich an Sternen. NGC 869 (derjenige näher bei Cassiopeia) ist der hellere und enthält ca. 200 Sterne, der andere ca. 150. Beide sind auf der astronomischen Zeitskala relativ jung, der erste etwa 6 Millionen Jahre, der zweite 3 Millionen Jahre. Sie stehen in 7500 bzw. 7100 Lichtjahren Entfernung.

7h
6h
5h
4h
3h
2h
1h
0h
+70°
+60°
+50°
+40°
+30°
CASSIOPEIA
CAMELOPARDALIS
Perseiden
869
884
Doppelstern-
haufen
η
M76
φ
γ
τ
1528
λ
AURIGA
Mirphak
α
ι
ϑ
μ
48
δ
ψ
σ
apella
PERSEUS
κ
ANDROMEDA
58
ν
M34
Algol
β
ε
π
ω
ρ
16
1342
TRIANGULUM
ξ
ζ
ο
Pleiaden
ARIES
ldebaran
Hyaden
Ekiptik
TAURUS
CETUS

J	F	M	A	M	J
J	A	S	O	N	D

STECKBRIEF

UM 22 UHR IM SÜDEN:
5. Nov.

FLÄCHE:
889 □° (14.)

DOPPELSTERNE:
κ, ρ

VERÄNDERLICHE STERNE:
TX

PISCES

Piscium • Psc • Die Fische

Bildliche Darstellungen dieses Sternbildes zeigen zwei Fische, jeder mit einem Band am Schwanz und diese Bänder zusammengeknotet. Auf dem Knoten steht Alrescha (arabisch: das Band), α Psc ganz im Osten des Sternbildes. Der westliche Fisch ist durch einen Ring von Sternen unterhalb des großen Quadrats des Pegasus gekennzeichnet. Der östliche Fisch unter der Andromeda ist nicht so gut erkennbar.

Das Frühlingsäquinox liegt derzeit in den Pisces, der Punkt, in dem sich Ekliptik und Äquator schneiden, liegt genau südlich von ω Psc.

Im Feldstecher ist κ Psc ein scheinbarer Doppelstern der Größen 4,9 und 6,3. Ein ähnliches Paar bilden ρ Psc, ein weißer Stern (5,4), und der orangefarbene Riese 94 Psc (5,5).

TX Psc, der auch als 19 Psc bekannt ist, sieht – schon fürs bloße Auge – sehr rot aus; er schwankt unregelmäßig zwischen den Größen 4,8 und 5,2.

TRIANGULUM
ARIES
ANDROMEDA
PEGASUS
PISCES
CETUS
AQUARIUS
Ekliptik
Frühlingspunkt
Alrescha
Mira
M105
TV
UU
TX
+30°
+20°
+10°
0°
3h
2h
1h
0h
23h
30
σ τ υ φ ψ¹ χ ρ ν ο ε δ ζ μ ξ α ω ι ϑ γ β λ κ 7

J	F	M	A	M	J
J	A	S	O	N	D

STECKBRIEF (Sge)

UM 22 UHR IM SÜDEN:
20. Aug.

FLÄCHE:
80 □° (86.)

KUGELSTERNHAUFEN:
M 71

STECKBRIEF (Vul)

UM 22 UHR IM SÜDEN:
15. Aug.

FLÄCHE:
268 □° (55.)

NEBEL:
M 27

SAGITTA

Sagittae • Sge • Pfeil

VULPECULA

Vulpeculae • Vul • Fuchs

Diese zwei kleinen Sternbilder liegen in einem dichten Teil der Milchstraße. In klaren Nächten sind hier im Feldstecher derart viele Sterne zu sehen, daß es manchmal schwierig wird, diejenigen herauszusuchen, die man finden möchte.

Zwischen γ und δ Sge liegt der recht sternarme Kugelsternhaufen M 71. Nördlich von γ Sge im Vulpecula findet sich der Hantel-Nebel M 27, der im Fernglas nur als Nebelfleck erscheint. Das Fernglas zeigt auch α Vul, einen Roten Riesen (Magnitude 4,4), als Paar mit 8 Vul, einem orangefarbenen Riesen der Größe 5,8.

Die hellsten Gasnebel

NGC 7000 (Cygnus)
M 11 (Sagittarius)
M 42 (Orion)
M 27 (Vulpecula)
M 17 (Sagittarius)

LACERTA
CEPHEUS
DRACO
22h
21h
20h
19h
18h
+50°
Deneb
+40°
Vega
LYRA
CYGNUS
+30°
T
23
15
31
HER
VULPECULA
α
13
Hantel-Nebel
M27
1
Cr 399
+20°
Sternhaufen
η
ζ
γ
α
SAGITTA
VZ
M71
δ
β
S
PEGASUS
+10°
Altair
DELPHINUS
EQUULEUS
AQUILA
SERPENS
0°
AQUARIUS
−10°
CAPRICORNUS
Ekliptik
SAGITTARIUS

J	F	M	A	M	J
J	A	S	O	N	D

STECKBRIEF

UM 22 UHR IM SÜDEN:
30. Juli

FLÄCHE:
867 □° (15.)

OFFENE STERNHAUFEN:
M 23, M 24, M 25

KUGELSTERNHAUFEN:
M 22, M 28, M 55

NEBEL:
M 8, M 17

SAGITTARIUS

Sagittarii • Sgr • Schütze

Dieses antike Sternbild stellt einen Zentauren dar, halb Mensch, halb Pferd. Anders als das südliche Sternbild des Zentauren wurde Sagittarius aber immer als Bogenschütze gezeigt. In diesem Sternbild hat die Sonne derzeit ihren Wintertiefststand, d.h. es ist sechs Monate später in den kurzen Sommernächten am besten zu beobachten. Teile dieses Bildes, wie z.B. β Sgr (ein Sternpaar fürs bloße Auge), sind nur von Südeuropa aus zu sehen.

Im Sagittarius findet sich das Zentrum unserer Milchstraße, daher ist dieses Bild außergewöhnlich reich an Sternen und Sternhaufen mit allein 15 Messier-Objekten. Die dichtbevölkerten Sternfelder und Dunkelwolken (dazwischenliegende Staubwolken) sind ein spektakulärer Anblick bei niedriger Vergrößerung (Feldstecher).

M 24 ist ein kleiner Offener Sternhaufen mit einem sehr dichten Sternfeld. Weitere Offene Haufen sind M 25 (ca. 30 Sterne) und M 23 mit mehr Mitgliedern, die aber an der Grenze der meisten Ferngläser liegen. Der herausragendste Kugelsternhaufen ist M 22, mit bloßem Auge sichtbar und einer der schönsten am Himmel. Die beiden anderen Kugelhaufen sind M 28 und M 55, von denen letzterer auch im Fernglas recht schwach ist.

Sagittarius enthält auch einige prominente Gasnebel, namentlich M 8, den Lagunennebel (sichtbar mit bloßem Auge), und M 17, den Omeganebel – beides Wolken, deren Gas von leuchtkräftigen darin liegenden Sternen zum Leuchten angeregt wird.

OPHIUCHUS
AQUILA
0°
SCUTUM
-10°
6818
6822
Omega-Nebel
M17
M18
M41
M24
M25
6716
M23
CAP
-20°
Ekliptik
M75
M21
M20
Trifid-Nebel
M22
M28
M8
Lagunen-Nebel
52
Kaus Borealis
Nunki
OPH
62
59
Kaus Media
Galaktisches Zentrum
-30°
M54
M55
Alnasl
M70
M69
SAGITTARIUS
Kaus Australis
-40°
Rukbat
CORONA AUSTRALIS
MIC
Arkab
SCORPIUS
TELESCOPIUM
-50°
19h
20h
18h
21h
17h
INDUS
ARA
-60°
PAVO

J	F	M	A	M	J
J	A	S	O	N	D

STECKBRIEF

Um 22 Uhr im Süden:
1. Juli

Fläche:
497 □° (33.)

Doppelsterne:
ω

Offene Sternhaufen:
M 6, M 7

Kugelsternhaufen:
M 4, M 80

Scorpius

Scorpii • Sco • Skorpion

Scorpius stellt vermutlich den Skorpion dar, der Orion getötet hat, weshalb er auf der gegenüberliegenden Seite des Himmels steht und aufgeht, wenn Orion verschwindet. Das Bild war ursprünglich größer und enthielt das Gebiet der heutigen Libra, damals die »Scheren« (S. 218). Die Sonne verbringt im Scorpius weniger Zeit als in allen anderen Tierkreiszeichen. Leider sind die südlichen Teile des Bildes (der Schwanz mit dem Stachel) für den Großteil Europas unter dem Horizont.

Wie im Sagittarius, so ist auch dieses Gebiet der Milchstraße mit Sternen übersät und lohnt die Betrachtung im Fernglas bei klarem Himmel sehr. Der bemerkenswerteste Stern ist Antares (α Sco, der »Rivale« des Mars), ein leicht veränderlicher Überriese (400mal größer als die Sonne) in einer Entfernung von 185 Lichtjahren.

M 4 ist ein großer Kugelsternhaufen genau westlich von Antares, der kein ausgeprägtes, dichtes Zentrum besitzt und deshalb nebelartig und selbst im Fernglas nicht ganz leicht zu erkennen ist (Entfernung: 6800 Lichtjahre). M 80 ist dichter und daher, obwohl weiter weg (27000 Lichtjahre), ähnlich gut zu finden.

M 6 (Schmetterlings-Haufen) erscheint als reicher Offener Haufen im Feldstecher, man kann einige der Sterne auflösen. M 7 etwas weiter südlich ist so groß, daß er auch mit bloßem Auge zu sehen ist. Auch er löst sich im Fernglas in Sterne auf.

ω Sco ist ein Sternpaar fürs bloße Auge: ω^1 ist blau-weiß (Größe 3,9), ω^2 ist gelb (4,3).

SERPENS CAPUT
0°
OPHIUCHUS
−10°
ψ
ξ
χ
SERPENS CAUDA
−20°
ν
β Graffias
ω¹
ω²
Ekliptik
M80
δ
o
σ
LIBRA
Antares
α
M4
π
SAGITTARIUS
τ
−30°
ρ
SCORPIUS
M6
6383
M7
δ
N
H
Shaula
λ
Lesath
υ
G
μ²
μ¹
κ
Q
−40°
6124
ι²
ι¹
6231
η
ζ²
ζ¹
ϑ
CORONA AUST.
6388
LUPUS
NORMA
−50°
TELESCOPIUM
18h
17h
16h
15h
19h
ARA
−60°
CIRCINUS
CENTAURUS
Rigil Kent
TRIANGULUM AUSTRALIS
PAVO
Hada

J	F	M	A	M	J
J	A	S	O	N	D

STECKBRIEF

Um 22 Uhr im Süden:
1. Aug.

Fläche:
109 □° (84.)

Veränderliche Sterne:
R

Offene Sternhaufen:
M 11

Scutum

Scuti • Sct • Schild

Dieses winzige Sternbild in einem dichten Sternfeld der Milchstraße wurde 1684 von Hevelius als Scutum Sobiescianum eingeführt, um seinen Gönner Sobieski zu ehren. Der mit bloßem Auge sichtbare Stern δ Sct ist der Prototyp einer Klasse pulsierender Veränderlicher mit Perioden von nur wenigen Stunden; die Amplitude ist zu gering, um sie visuell zu erkennen.

Ein bemerkenswerter Veränderlicher ist R Sct, ein halb regelmäßiger roter Stern, der zwischen den Größen 5,0 und 8,4 schwankt und charakteristische Doppelmaxima zeigt: d. h. zwei Höhepunkte mit einem kleinen Rückgang dazwischen und danach eine deutliche Abschwächung. Er wird regelmäßig von Amateuren mit Feldstechern überwacht.

Der offene Sternhaufen M 11 hat eine bemerkenswerte schweifähnliche Gestalt (daher sein Name »Wildente«). Er ist einer der dichtesten Offenen Haufen. Ein nicht dazu gehörender Stern im Vordergrund steht dicht am Schweifende.

VULPECULA
HERCULES
20h
19h
18h
+20°
SAGITTA
+10°
Altair
0°
AQUILA
OPHIUCHUS
β
R
η
M11
ε
α
ζ
δ
M26
–10°
SCUTUM
γ
SERPENS CAUDA
–20°
Ekliptik
SAGITTARIUS
–30°
CORONA AUSTRALIS
SCORPIUS
–40°
TELESCOPIUM

J	F	M	A	M	J
J	A	S	O	N	D

STECKBRIEF

UM 22 UHR IM SÜDEN:
25. Apr.

FLÄCHE:
314 □° (47.)

SEXTANS

Sextantis • Sex • Sextant

Sextans (ursprünglich Sextans Uraniae) ist ein weiteres von Hevelius 1687 eingeführtes Sternbild. Ähnlich wie Lynx oder Leo Minor wird es von vielen Astronomen ignoriert. Es steht so nahe an der Ekliptik, daß die Planeten oft für einen kurzen Zeitraum seine Grenzen überschreiten. Seine Sterne sind sogar noch schwächer als die des Lynx, der hellste (α) erreicht gerade einmal die Magnitude 4,5.

URSA MAJOR
LEO MINOR
LYNX
11h
10h
9h
+30°
+20°
LEO
Ekliptik
CANCER
Regulus
+10°
HYDRA
0°
β
α
δ
SEXTANS
3115
ε
18
17
γ
−10°
−20°
CRATER
−30°
HYDRA
ANTLIA
PYXIS

J	F	M	A	M	J
J	A	S	O	N	D

STECKBRIEF

UM 22 UHR IM SÜDEN:
30. Dez.

FLÄCHE:
797 □° (17.)

DOPPELSTERNE:
κ, ϑ, σ

VERÄNDERLICHE STERNE:
λ

OFFENE STERNHAUFEN:
Pleiaden (M 45), Hyaden

METEORE:
Tauriden

TAURUS

Tauri • Tau • Stier

Taurus ist ein sehr altes Sternbild und wurde in verschiedenen Mythen mit einem Stier in Verbindung gebracht. Es enthält zwei sehr bemerkenswerte Offene Sternhaufen: die Pleiaden und die Hyaden. Der Riesenstern Aldebaran (α Tau, Größe 0,9) ist uns recht nahe (65 Lichtjahre entfernt), seine orange Farbe ist gut zu erkennen.

Durch ihre geringe Entfernung können wir die Hyaden sogar mit bloßem Auge in einzelne Sterne auflösen; die Gruppe bildet ein »V« bei Aldebaran, der nicht mehr dazugehört. Wegen ihrer Nähe (im Mittel 150 Lichtjahre) wurde ihre Distanz sehr genau vermessen, und sie spielt bei der Erstellung der Entfernungsskala für den gesamten Kosmos eine Schlüsselrolle.

Die Pleiaden, M 45 oder das Siebengestirn, sind etwas weiter entfernt (360–400 Lichtjahre). Dies ist ein Haufen junger blau-weißer Sterne, die ca. 78 Millionen Jahre alt sind. Normalerweise sind sechs oder sieben Sterne mit bloßem Auge zu erkennen, manche Menschen können sogar neun sehen. Tatsächlich enthält der Haufen etwa 500 Sterne, er ist im Fernglas ein wunderbarer Anblick.

Taurus enthält zahlreiche Doppelsterne. ϑ ist ein Paar fürs bloße Auge: ϑ^1 ist weiß (Größe 3,8), ϑ^2, der hellste der Hyaden, gelb (3,4). Das Paar der weißen Sterne κ^1 und κ^2 Tau (4,2 bzw. 5,3, letzterer heißt auch 67 Tau) gehört auch zu den Hyaden, ebenso wie σ^1 und σ^2 – zwei weiße Sterne mit der Magnitude 5,1 bzw. 4,7.

ζ Tau ist ein Bedeckungsveränderlicher, der Algol ähnelt (S. 230) und zwischen den Größen 3,4 und 3,9 mit einer Periode von 3,95 Tagen variiert.

AURIGA
PERSEUS
TRIANGULUM
GEMINI
ARIES
Alnath β
Ekliptik
1746
Krebs-Nebel
M1
ζ
ι
τ
υ
κ
37
ψ
φ
χ
M45 - Pleiaden
Taurids
Asterope
Taygeta
Maia
Celaeno
Alcyone
Pleione
Electra
Atlas
η
Merope
M45 - Pleiaden
+30°
1647
ε
68
δ
Hyaden
α
Aldebaran
σ2 σ1
ϑ1
ϑ2
γ
λ
5
90
88
μ
ξ
ο
ν
+10°
Betelgeuse
ORION
TAURUS
CETUS
PISCES
0°
10
MONOCEROS
6h
5h
4h
3h
2
ERIDANUS
Mira

J	F	M	A	M	J
J	A	S	O	N	D

STECKBRIEF

Um 22 Uhr im Süden:
15. Apr.

Fläche:
1280 □° (3.)

Doppelsterne:
ζ

Galaxien:
M 81, M 82, M 101

Ursa Maior

Ursae Maioris • UMa • Großer Bär

In vielen Kulturen wurde dieses Sternbild mit einem Bären in Verbindung gebracht, und tatsächlich stammt das Wort »arktisch« ursprünglich vom griechischen Wort für »Bär«. Die meisten Menschen denken natürlich, das Bild bestünde nur aus dem Großen Wagen, den sieben hellsten Sternen; in Wirklichkeit erstreckt es sich aber über ein sehr großes Himmelsfeld. Da es weit weg von der Milchstraße liegt, findet man in ihm viele Galaxien, von denen die meisten allerdings so schwach sind, daß sie nur mit großen Teleskopen zu beobachten sind.

Das berühmteste Objekt ist zweifelsohne Mizar, ζ UMa (Magnitude 2,3), bei dem gute Augen einen scheinbaren Begleiter (Alkor, 4,0) erkennen. Da die zwei Sterne in leicht unterschiedlicher Entfernung stehen (78 bzw. 81 Lichtjahre), bilden sie keinen echten Doppelstern. Mizar ist allerdings selbst ein echter Doppelstern mit einem Begleiter der Größe 4,0. Durch einen seltsamen Zufall sind all diese Sterne wiederum extrem enge Doppelsterne.

M 81 ist eine Spiralgalaxie, mit der Größe 6,9 gerade zu schwach für das bloße Auge, aber im Fernglas sichtbar. Dasselbe Feld enthält auch noch M 82, die oft als irreguläre Galaxie beschrieben wurde, tatsächlich aber eine ungewöhnliche Spirale ist. Am anderen Ende des Sternbildes steht M 101, eine dritte Spiralgalaxie, die fast so groß wie der Vollmond, aber wegen der geringen Helligkeit ihrer Fläche schlecht zu erkennen ist.

CAMELOPARDALIS
AURIGA
GEMINI
Castor
Pollux
LYNX
CANCER
LEO
LEO MINOR
URSA MAJOR
DRACO
BOÖTES
CANES VENATICI
COMA BERENICES
Dubhe
Merak
Phad
Megrez
Alioth
Mizar
Alcor
Alkaid
Muscida
Talitha
Tania Borealis
Tania Australis
Alula Borealis
Alula Australis
M81
M82
M97
M101
M108
M109
+30°
+40°
+50°
+60°
+70°
7h
8h
9h
10h
11h
12h
13h
14h
15h

J	F	M	A	M	J
J	A	S	O	N	D

STECKBRIEF

UM 22 UHR IM SÜDEN:
5. Mai

FLÄCHE:
256 □° (56.)

DOPPELSTERNE:
γ, η

VERÄNDERLICHE STERNE:
α

URSA MINOR

Ursae Minoris • UMi • Kleiner Bär

Dieses Sternbild soll von dem begnadeten griechischen Forscher Thales von Milet um 600 v. Chr. eingeführt worden sein. Die Position von Polaris (α UMi) ganz dicht am Himmelsnordpol machte es zu einer unverzichtbaren Navigationshilfe für frühere Seefahrer und Reisende.

Polaris ist ein gelber Überriese und eine Art Cepheid (S. 194). Seine Amplitude ist in den vergangenen Jahren deutlich zurückgegangen, so daß er vermutlich das Ende seiner Variabilitätsphase erreicht hat.

Man findet hier zwei weite Sternpaare, von denen aber keiner ein echter Doppelstern ist. γ UMi, Pherkad, ist ein Weißer Riese (Magnitude 3,0) in 480 Lichtjahren Entfernung; daneben steht (fast mit bloßem Auge zu erkennen) 11 UMi, ein Orangefarbener Riese (5,0) in 390 Lichtjahren Entfernung.

CASSIOPEIA
LYNX
CAMELOPARDALIS
4h
6h
2h
8h
0h
10h
Polaris
α
+90°
22h
CEPHEUS
δ
12h
20h
ε
+80°
14h
18h
16h
ϑ
ζ
5
η
β
Kochab
γ
+70°
Phercad
URSA MINOR
RR
+60°
URSA MAJOR
DRACO
+50°
HERCULES
BOÖTES
+40°

J	F	M	A	M	J
J	A	S	O	N	D

STECKBRIEF

UM 22 UHR IM SÜDEN:
5. Mai

FLÄCHE:
1294 □° (2.)

GALAXIEN:
M 49, M 84, M 86, M 87

VIRGO

Virginis • Vir • Jungfrau

Virgo, nach Hydra das zweitgrößte Sternbild am Himmel, ist häufig mit einer Fruchtbarkeitsgöttin in Verbindung gebracht worden: Bei den Babyloniern war dies Ishtar, bei den Griechen Demeter, bei den Römern Ceres (oder Astraea, die Göttin der Gerechtigkeit). Der Name Spica für α Vir bedeutet »Weizenähre«. Obwohl das Bild eine riesige Anzahl von Galaxien enthält, genannt »Virgo-Haufen«, so ist doch die Mehrzahl zu schwach, um selbst mit den größten Amateurfernrohren viele Einzelheiten erkennen zu können. Für so ein großes Sternbild enthält Virgo vergleichsweise wenig weitere bemerkenswerte Objekte.

Spica selbst ist ein heller blau-weißer Stern in 262 Lichtjahren Entfernung. Sie besteht tatsächlich aus zwei Sternen, die so eng zusammenstehen, daß sie gegenseitig ihre Kugelgestalt deformieren, was, wenn sie sich umkreisen, eine nur sehr geringe Variation in der Helligkeit verursacht.

Wenige Galaxien sind hell genug, um sie im Fernglas als nebelige Flecken erkennen zu können. M 49, eine riesige elliptische Galaxie, ist vielleicht die hellste in der Virgo. M 84 und M 86, beides ebenfalls Ellipsen, stehen nahe beieinander. M 87 ist nicht ganz so hell wie M 49, ist aber eine gigantische Ellipsengalaxie und eine der massereichsten, die wir kennen, mit vielleicht zehnmal so viel Materie wie unsere eigene Milchstraße.

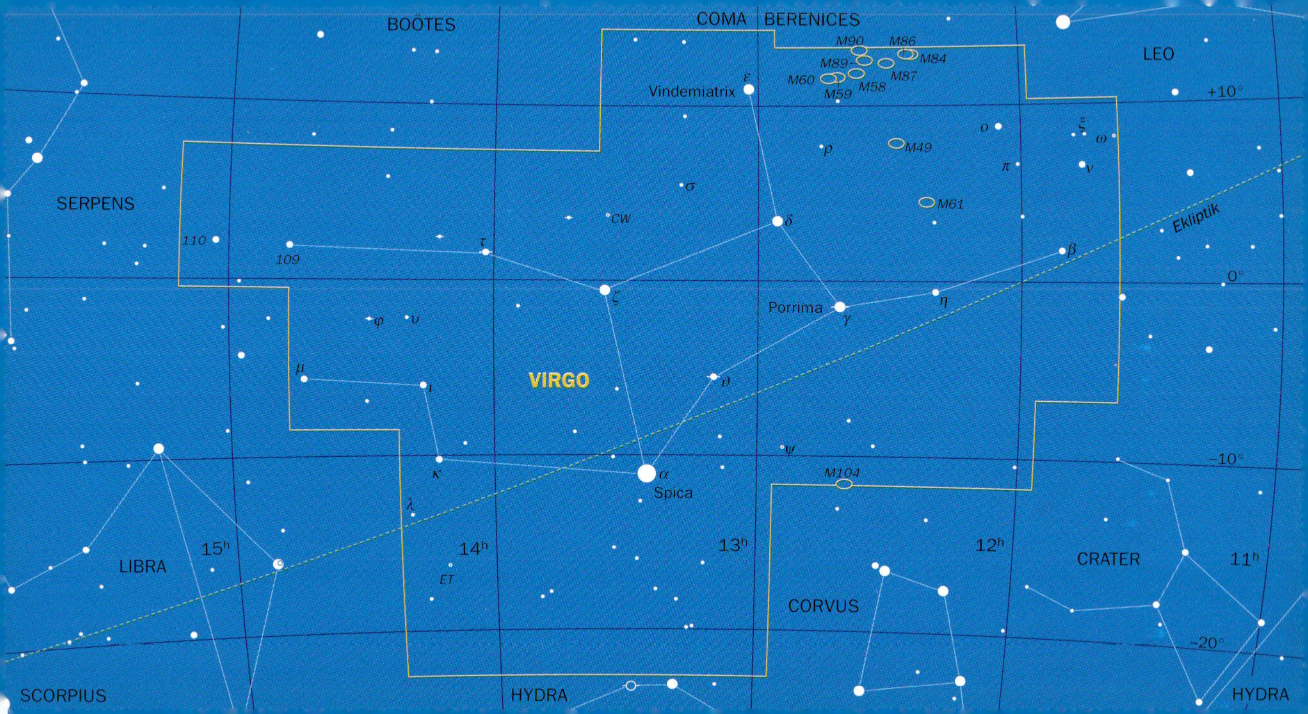

BOÖTES
COMA BERENICES
LEO
SERPENS
VIRGO
LIBRA
SCORPIUS
HYDRA
CORVUS
CRATER
HYDRA
Vindemiatrix
Porrima
Spica
Ekliptik
M90
M86
M84
M89
M87
M60
M59
M58
M49
M61
M104
CW
ET
109
110
+10°
0°
−10°
−20°
15h
14h
13h
12h
11h

INDEX

Weiterführende Hinweise

Dieser Naturführer »Sterne« hat – hauptsächlich von der praktischen Seite her – eine erste Einführung in das Thema ASTRONOMIE gegeben. Wer nun mehr zur Astronomie wissen und insbesondere sich auch mehr mit der Natur der vielfältigen verschiedenen Objekte im Kosmos beschäftigen möchte, für den seien hier – aus der riesigen Fülle von Informations- und Weiterbildungsmöglichkeiten – folgende Hinweise zusammengestellt:

Bücher einführend:
Kippenhahn, Rudolf: Abenteuer Weltall; DVA, Stuttgart 1991.
Rohlfs, Kristen: Unser Bild des Universums; Birkhäuser Verlag Basel 1992.

Bücher weiterführend:
Krautter, Hans-Joachim, u. a.: Meyer's Handbuch Weltall; Bibliogr. Inst. Mannheim 1994.
Weigert, Alfred: Astronomie & Astrophysik; Wiley-VCH, Weinheim 1996.

Beobachtungspraxis:
Roth, Günter: Handbuch für Sternfreunde, Springer, Berlin 1989 (über: Sterne & Weltraum).
Schurig, Götz: Himmelsatlas; Spektrum Akademischer Verlag, Heidelberg 1960.
Ahnert, Paul: Astronomisch-chronologische Tafeln für Sonne, Mond und Planeten; Barth, Leipzig 1990.

Jahrbücher:
Keller, H. K.: Das Himmelsjahr; Franckh-Kosmos, Stuttgart.
Ahnerts Kalender für Sternfreunde; Barth, Leipzig.

Zeitschriften:
Astronomie & Raumfahrt; Friedrich, Seelze.
Sterne & Weltraum; Sterne und Weltraum Dr. Hans Vehrenberg, München.

CD-ROM:
ASTRO 2001; mediaproduct Verlag, Niedereschbach 1998.
Redshift; Ullstein/Kosmos, Stuttgart 1995.
Universum; Navigo Multimedia, München 1998.

Gesellschaften:
Vereinigung der Sternfreunde
Astronomische Gesellschaft
Volkssternwarten